工程造价
及案例研究

吕丽平◎编著

四川科学技术出版社

图书在版编目（CIP）数据

工程造价及案例研究 / 吕丽平编著 . -- 成都 : 四川科学技术出版社 , 2024. 11. -- ISBN 978-7-5727-1585-3

Ⅰ . F285

中国国家版本馆 CIP 数据核字第 2024Y3T819 号

工程造价及案例研究
GONGCHENG ZAOJIA JI ANLI YANJIU

编　　著	吕丽平
出 品 人	程佳月
责任编辑	朱　光
助理编辑	王睿麟　张　晨
选题策划	鄢孟君
封面设计	星辰创意
责任出版	欧晓春
出版发行	四川科学技术出版社
	成都市锦江区三色路 238 号　邮政编码　610023
	官方微博　http://weibo.com/sckjcbs
	官方微信公众号　sckjcbs
	传真　028-86361756
成品尺寸	170 mm × 240 mm
印　　张	8
字　　数	160 千
印　　刷	三河市嵩川印刷有限公司
版　　次	2024 年 11 月第 1 版
印　　次	2024 年 11 月第 1 次印刷
定　　价	62.00 元

ISBN 978-7-5727-1585-3

邮　　购：成都市锦江区三色路 238 号新华之星 A 座 25 层　邮政编码：610023
电　　话：028-86361770

工程造价是指工程项目自开始建设至竣工、到形成固定资产为止的全部费用,即为完成一个工程项目的建设,预期的或实际所需的全部费用的总和。一般来说,工程造价的含义有两种。第一层含义:从投资者的角度来看,工程造价是指完成一个建设项目所需费用的总和。第二层含义:从承包商的角度来看,工程造价是指发包工程的承包价格。所谓工程造价的两层含义,是以不同角度把握同一事物的本质。对建设工程的投资者来说,市场经济条件下的工程造价就是项目投资,是"购买"项目要付出的价格;同时也是投资者在作为市场供给主体时"出售"项目产品时定价的基础。对于工程承包商、材料设备供应商、勘察设计或监理等机构来说,工程造价是他们作为市场供给主体出售商品和劳务的价格的总和。这是特定范围的工程造价,如建筑安装工程造价、勘察设计费用、材料设备费用等。

本书介绍了与工程造价有关的工程造价基础知识、建设项目投资决策阶段工程造价及案例分析、建设项目设计阶段工程造价及案例分析、建设项目招投标阶段造价及案例分析、建设项目施工阶段造价及案例分析、建设项目竣工验收阶段工程造价及案例分析等六章内容。全书理论联系实际、思路清晰、逻辑性强且通俗易懂,可为工程造价专业相关的学者和从业人员提供一定的参考价值,也可作为其他专业人士了解工程造价专业的参考书。希望本书的出版能对工程造价从业人员、建设工程技术和管理人员的学习和提高带来一定的帮助。

目 录
CONTENTS

第一章 工程造价基础知识 ·············001
    第一节 工程造价理论体系 ·············001
    第二节 工程造价管理的组织与内容 ·············009

第二章 建设项目投资决策阶段工程造价及案例分析 ·············013
    第一节 建设项目投资估算 ·············013
    第二节 建设项目财务评价 ·············019
    第三节 案例分析 ·············029

第三章 建设项目设计阶段工程造价及案例分析 ·············032
    第一节 价值工程 ·············032
    第二节 设计概算的编制与审查 ·············037
    第三节 施工图预算的编制与审查 ·············047
    第四节 案例分析 ·············056

第四章 建设项目招投标阶段造价及案例分析 ·············060
    第一节 建设项目招标与控制价的编制 ·············060
    第二节 建设项目投标与报价的编制 ·············068
    第三节 建设项目施工的开标、评标和定标 ·············079
    第四节 案例分析 ·············082

第五章 建设项目施工阶段造价及案例分析 ·············085
    第一节 施工组织设计的编制优化 ·············085
    第二节 工程变更 ·············089

第三节　工程索赔 ……………………………………………… 092

第四节　案例分析 ……………………………………………… 101

第六章　建设项目竣工验收阶段工程造价及案例分析 ……… 103

第一节　竣工验收 ……………………………………………… 103

第二节　竣工决算 ……………………………………………… 110

第三节　项目保修处理 ………………………………………… 114

第四节　案例分析 ……………………………………………… 117

参考文献 …………………………………………………………… 119

第一章 工程造价基础知识

第一节 工程造价理论体系

一、工程造价相关基础理论

(一)工程成本的理论与构成

1. 工程成本理论

产品成本是指企业为生产一定种类和数量的产品所消耗而又必须补偿的物化劳动和活劳动中必要劳动的货币表现,这种成本称为理论成本。

成本从耗费的角度看,是商品产品生产中所消耗的物化劳动和活劳动中必要劳动的价值,它是成本最基本的经济内涵;成本从补偿的角度看,是补偿商品产品生产中资本消耗的价值尺度,即成本价格,它是成本最直接的表现形式。成本是已耗费而又必须在价值或实物上得以补偿的支出。成本是商品价值的组成,反映商品价值的形成过程。

2. 工程成本的构成

工程成本由直接成本和间接成本组成。

(1)直接成本的构成

直接成本是指在费用发生时就能区分出用于哪些工程,从而可以直接计入该项工程成本的费用,主要包括工、料、机费用:①人工费,是指按工资总额构成规定,支付给从事建筑安装工程施工的生产工人和附属生产单位工人的各项费用。②材料费,是指施工过程中耗费的原材料、辅助材料、构配件、零件、半成品或成品、工程设备的费用。③施工机械使用费,是指施工作业所发生的施工机械、仪器仪表使用费或其租赁费。

(2)间接成本的构成

间接成本是指在发生时不能明确区分用于哪些项工程,从而不能直接计入该项工程而采用一定方法分摊的费用。这种分类的目的是便于组织工程项目实际成本核算,主要包括:①管理费,指建筑安装企业组织施工生产和经营管理所需的费用。②利润,指施工企业完成所承包工程获得的盈利。③规费,指按国家法律法规规定,由省级政府和省级有关权力部门规定必须缴纳或计取的费用。④税金,指国家税法规定的应计入建筑安装工程造价内的营业税、城市维护建设税、教育费附加以及地方教育附加。

(二)工程价格理论

1.工程价格的内涵

工程价格是工程产品价值的货币表现,是物化在工程产品中的社会必要劳动和剩余劳动的货币表现。

工程产品的理论价格与其价值一样,应由 $C+V+M$ 三部分构成,由于价值规律的作用,建筑工程产品的价格围绕着价值波动,对生产和需求,以及经济资源的配置起着一定的调节作用。

所谓的理论价格是按照马克思主义的价格形成理论计算出来的价格。可表达为:

$$J=C+V+M$$

式中:

J——工程价格;

C——过去劳动创造的价值;

V——劳动力的价值;

$V+M$——劳动者为自己和社会创造的价值;

$C+V$——构成产品计划成本,是商品价值主要部分的货币表现;

M——表现为价格中所含的计划利润和税金。

2.工程价格理论的基本内容

(1)价值和使用价值理论

工程产品作为商品具有二重性,即价值和使用价值。工程产品的价值有质的规定和量的规定。从质的规定来讲,它是物化在产品中的抽象劳动,是无差别的人类劳动的凝结;从量的规定来讲,它是由消耗在产品中的劳动量决定的。

（2）生产价格理论

所谓"生产价格"，是由产品的成本价格和平均利润构成的价格。生产价格是价值的转化形式，生产价格形成后，市场价格将围绕生产价格而上下波动，这只是价值规律作用形式的变动，而不是对价值规律的否定，因为社会商品的生产价格总额等于商品价值总额。随着利润转化为平均利润，商品价值就转化为生产价格。

（3）供求规律

供求规律指商品的供求关系与价格变动之间相互制约的必然性，它是商品经济的规律，商品的供求之间存在着一定的比例关系，其基础是生产某种商品的社会劳动量必须与社会对这种商品的需求量相适应。供求关系就是供给和需求的对立统一，包括以下内容：

供求变动引起价格变动。供不应求，价格上涨。这种因供不应求而引起的价格上涨，可以在供应量不变而需求量增加的情况下发生，也可以在需求量不变而供应量减少的情况下发生，还可以在供应量增长赶不上需求量增长的情况下发生。商品供过于求，价格就要下降。供过于求引起价格下降，可以在需求量不变，而供应量增加的情况下发生，也可以在需求量增长赶不上供应量增长的情况下发生。

价格变动引起供求变动。其他因素不变，市场需求量与价格呈反方向变动，即价格上涨，需求减少；价格下跌，需求增加。同理，市场供给与价格呈同方向变动，即价格上涨，供给增加；价格下跌，供给减少。价格的涨落会调节供求，使之趋于平衡。

（4）价格与商品价值、货币价值的关系

在供求关系不变时，商品的价格除受商品价值决定外，还受货币价值影响。当商品价值升高，而货币价值不变时，商品价格会提高；当商品价值不变，而货币价值下降时，商品价格会提高；当商品的价值下降，而货币价值不变时，商品价格会下跌；当商品价值不变，而货币价值提高时，商品价格也会下跌。

价值是价格的基础，价格是价值的货币表现。比如一般而言，一辆自行车再贵也不会贵过一架飞机。马克思政治经济学认为，无差别的人类抽象劳动凝结在商品中，就形成了商品的价值。生产一架飞机所需要的社会必要劳动时间远超过生产一辆自行车的，飞机的价值远大于自行车的价值，因此飞机的价格也远高于自行车的价格。

(三)工程投资理论

1.投资的内涵

投资指的是特定经济主体为了在未来可预见的时期内获得收益或资金增值,在一定时期内向一定领域的标的物投放足够数额的资金或实物的货币等价物的经济行为。可分为实物投资和证券投资。前者是以货币投入企业,通过生产经营活动取得一定利润。后者是以货币购买企业发行的股票和公司债券,间接参与企业的利润分配。

2.投资的来源

投资的来源主要有财政预算投资、自筹资金投资、国内银行贷款投资、利用外资、利用有价证券市场筹措建设资金等。

(1)财政预算投资

财政预算投资是指用国家预算安排的资金,对列入年度基本建设计划的建设项目进行投资。

(2)自筹资金投资

自筹资金是指各地区、各部门、各单位按照财政制度提留、管理和自行分配用于固定资产再生产的资金。自筹资金主要有:地方自筹资金;部门自筹资金;企业、事业单位自筹资金;集体、城乡个人筹集资金等。

(3)国内银行贷款投资

国内银行利用信贷资金发放基本建设贷款是建设项目投资资金的重要组成部分。投资来源为政策性银行和商业银行的贷款。

(4)利用外资

我国利用外资的主要形式有:外国政府贷款;国际金融组织贷款;国外商业银行贷款;在国外金融市场上发行债券;吸收外国银行、企业和私人存款;利用出口信贷;吸收国外资本直接投资,包括与外商合资经营、合作经营、合作开发以及外商独资等形式;补偿贸易;对外加工装配;国际租赁;利用外资的BOT方式等。

(5)利用有价证券市场筹措建设资金

有价证券市场,是指买卖公债、公司债券和股票等有价证券,在不增加社会资金总量和资金所有权的前提下,通过融资方式,把分散的资金累积起来,从而有效改变社会资金总量的结构。有效证券主要指债券和股票。

债券是借款单位为筹集资金而发行的一种信用凭证,它证明持券人有权取得固定利息并到期收回本金。我国发行的债券种类有:国家债券,是国家以信用的方式从社会上筹集资金的一种重要工具;地方政府债券;企业债券;金融债券。债券发行后,可在证券流通市场上进行交易,债券的发行与转让分别通过债券发行市场和债券转让市场进行。债券的票面价格即指债券券面上所标明的金额;发行价格即指债券的募集价格,是债券发行时投资者对债券所付的购买金额;债券的市场价格指债券发行后在证券流通市场上的买卖价格。

股票是股份公司发给股东作为已投资入股的证书和索取股息的凭证。它可作为买卖对象和(或)抵押品的有价证券。按股东承担风险和享有利益的大小,股票可分普通股和优先股两大类。股票融资是一种有弹性的融资方式,由于股息和红利不像利息必须按期支付,且股票无到期日,公司不需要偿还资金,因而融资风险低。对投资者来说,因股票的投资报酬可能比债券高,所以投资的风险也大。

二、现代工程造价管理理论

(一)工程造价管理概述

1.工程造价管理的概念

工程造价管理是指在建设项目的建设中,全过程、全方位、多层次地运用技术、经济及法律等手段,通过对建设项目工程造价的预测、优化、控制、分析、监督等,获得资源的最优配置和建设工程项目最大的投资效益。

工程造价管理有两层含义:一是指建设工程投资费用管理;二是指工程价格管理。

2.工程造价管理的基本内容

工程造价管理的基本内容就是合理确定和有效控制工程造价。

(1)工程造价的合理确定

工程造价的合理确定,就是在工程建设的各个阶段,采用科学的计算方法和现行的计价依据及批准的设计方案或设计图纸等文件资料,合理确定投资估算、设计概算、施工图预算、承包合同价、工程结算价、竣工决算价。依据建设程序,工程造价的确定与工程建设阶段性工作深度相适应。一般分为以下阶段:

项目建议书阶段。该阶段编制的初步投资估算,经有关部门批准,即作为拟建项目进行投资计划和前期造价控制的工作依据。

可行性研究阶段。该阶段编制的投资估算,经有关部门批准,即成为该项目造价控制的目标限额。

初步设计阶段。该阶段编制的初步设计概算,经有关部门批准,即为控制拟建项目工程造价的具体最高限额。在初步设计阶段,对实行建设项目招标承包制、签订承包合同协议的项目,其合同价也应在最高限价(设计概算)相应的范围以内。

技术设计阶段。该阶段是为了进一步解决初步设计的重大技术问题,如工艺流程、建筑结构、设备选型等,该阶段应编制修正设计概算。

施工图设计阶段。该阶段编制的施工图预算,用以核实施工图阶段造价是否超过批准的初步设计概算。经承发包双方共同确认、有关部门审查通过的施工图预算,即为结算工程价款的依据。对以施工图预算为基础的招标投标工程,承包合同价是以经济合同形式确定的建安工程造价。承发包双方应严格履行合同,使造价控制在承包合同价以内。

工程实施阶段。该阶段要按照承包方实际完成的工程量,以合同价为基础,同时考虑因物价上涨引起的造价提高,考虑到设计中难以预料的而在实施阶段实际发生的工程变更和费用,合理确定工程结算价。

竣工验收阶段。该阶段全面总结在工程建设过程中实际花费的全部费用,编制竣工决算,如实体现该建设工程的实际造价。

(2)工程造价的有效控制

工程造价的有效控制是指在投资决策阶段、设计阶段、建设项目发包阶段和实施阶段,把建设工程造价的实际发生控制在批准的造价限额以内,随时纠正发生的偏差,以保证项目管理目标的实现,使各个建设项目中的人力、物力、财力能够得到合理的利用,从而取得较好的社会效益和经济效益。具体来说,是用投资估算控制初步设计和初步设计概算;用设计概算控制技术设计和修正设计概算;用概算或者修正设计概算控制施工图设计和施工图预算。

有效控制工程造价应注意以下几点。

第一,以设计阶段为重点的全过程造价控制。工程造价控制应贯穿于项目建设的全过程,但是各阶段工作对造价的影响程度是不同的。对工程造价影响最大的阶段是投资决策和设计阶段,在项目做出投资决策后,控制工程造价的关键就在于设计阶段。有资料显示,至初步设计结束,影响工程造价的程度从95%下降到75%;至技术设计结束,影响工程造价的程度从75%下降到35%;施工图设计阶段,影响工程造价的程度从35%下降到10%;而到施工阶段开始,通过技术组织措施节约工程造价的可能性只有5%~10%。

有关单位和设计人员必须树立经济核算的观念,克服重技术轻经济的思想,严格按照设计任务书规定的投资估算做好多方案的技术经济比较。工程经济人员在设计过程中应及时对工程造价进行分析对比,能动地影响设计,以保证有效地控制造价。同时要积极推行限额设计,在保证工程功能要求的前提下,按各专业分配的造价限额进行设计,保证估算、设计概算能够发挥层层控制的作用。

第二,以主动控制为主。长期以来,建设管理人员把控制理解为进行目标值与实际值的比较,当两者有偏差时,分析产生偏差的原因,确定下一阶段的对策。这种传统的控制方法只能发现偏差,不能防止偏差的发生,是被动地控制。自20世纪70年代开始,人们将系统论和控制论的研究成果应用于项目管理,把控制立足于事先主动地采取决策措施,尽可能避免目标值与实际值发生偏离。这是主动的、积极的控制方法,因此被称为主动控制。这就意味着工程造价管理人员不能机械地算账,而应进行科学管理。不仅要真实地反映投资估算、设计概预算,更要能动地影响投资决策、设计和施工,主动地控制工程造价。

第三,技术与经济相结合是控制工程造价最有效的手段。控制工程造价,应从组织、技术、经济等多方面采取措施。组织上要做到专人负责,明确分工;技术上要进行多方案选择,力求先进可行、符合实际;经济上要动态比较投资的计划值和实际值,严格审核各项支出。工程建设要把技术与经济有机地结合起来,通过技术比较、经济分析和效果评价,正确处理技术先进性与经济合理性之间的对立统一关系,力求做到在技术先进条件下的经济合理,在经济合理基础上的技术先进,把控制工程造价的思想真正渗透到可行性研究、项目评价、设计和施工的全过程中去。

第四,区分不同投资主体的工程造价控制。造价管理必须适应投资主体多元化的要求,区分政府性投资项目和社会性投资项目的特点,推行不同的造价管理模式。政府投资项目:政府投资主要用于关系国家安全和市场不能有效配置资源的经济和社会领域。对于政府投资项目,继续实行审批管理,但要按照法律的要求,在程序、时限等方面对政府投资管理行为进行规范。企业投资项目:对于企业不使用政府投资建设的项目,一律不再实行审批制,区别不同情况实行核准制和备案制。对企业重大项目和限制类项目实行核准制,其他项目则实行备案制。项目的市场前景、经济效益、资金来源和产品技术方案等均由企业自主决策、自担风险,并依法办理环境保护、土地使用、资源利用、安全生产、城市规划等许可手续和减免税确认手续。据有关方面的测算,实行备案制的项目约为75%,也就是说大部分项目将实行备案制。同时对于企业投资项目,政府转变了管理的角度,将主要从行使公共管理职能的角度对其外部性进行核准,其他则由企业自主决策。企业投资建设实行核准制的项目,仅需向政府提交项目申请报告,不再经过批准项目建议书、可行性研究报告和开工报告的程序。

(二)全过程工程造价管理

全过程工程造价管理是一种全新的建设工程项目造价管理模式,它是一种用来确定和控制建设工程项目造价的管理方法,强调建设工程项目是一个过程,一个建设工程项目要经历投资前期、建设时期及生产经营三个时期,而各个项目阶段又是由一系列的建设工程项目活动构成的一个工作过程。这是一个项目造价决策和实施的过程,而人们在项目全过程中需要开展建设工程项目造价管理工作。要进行建设工程项目全过程的造价管理与控制,必须掌握识别建设项目的过程和应用"过程方法",也就是将一个建设工程项目的工作分解成项目活动清单,然后使用各种方法确定每项工作所要消耗的资源,最终根据这些资源的市场价格信息确定出一个建设工程项目的造价。

全过程工程造价管理的根本指导思想是通过这种管理方法,使得项目的投资效益最大化以及合理地利用用项目的人力、物力和财力以降低工程造价,减少成本。

全过程工程造价管理方式的根本方法是参与建设的有关单位共同完成全过程的造价控制工作,项目全体相关利益主体在全过程的参与和监督下,相互制约、相互协调,共同合作和分别负责;再从项目的各项活动及其活动方法的控制入手,通过减少和消除不必要的活动以减少资源消耗,从而实现降低和控制建设工程项目造价的目的。

(三)协同造价管理

所谓协同,是指协调两个或者两个以上的不同资源或者个体,协同一致地完成某一目标的过程或能力。项目协同管理,是对多个相关且有并行情况项目的管理模式,它是帮助实现项目与企业战略相结合的有效理论和工具。

对于我国业主建设项目而言,业主往往是建设过程的主要参与者。协同管理是指临时性业主委托的专业的项目管理公司,依靠自己的技术实力和丰富的管理经验,协同业主对项目实施全过程、全范围的项目管理。项目管理公司派出的项目管理专业团队是弥补业主方建设管理组织和技术的不足,进而使之成为具有健全的组织、科学完善的管理制度的项目协同管理团队。

工程项目管理企业,是指依法设立、具有相应资质、受工程项目建设单位委托,按照合同约定,代表建设单位对工程项目的组织实施进行全过程或若干阶段的管理和服务的企业。在我国项目协同管理团队中,项目管理公司的专业人员提供的是咨询服务、管理服务和技术服务,重大事项最终决策权仍属于业主。

第二节 工程造价管理的组织与内容

一、工程造价管理的基本内涵

(一)工程造价管理

工程造价管理是指综合运用管理学、经济学和工程技术等方面的知识与技能,对工程造价进行预测、计划、控制、核算、分析和评价等的过程。工程造价管理既涵盖宏观层次,也涵盖微观层次的工程项目费用管理。

工程造价的宏观管理是指政府部门根据社会经济发展需求,利用法律、经济和行政等手段规范市场主体的价格行为、监控工程造价的系统活动。

工程造价的微观管理是指工程参建主体根据工程计价依据和市场价格信息等预测、计划、控制、核算工程造价的系统活动。

(二)建设工程全面造价管理

按照国际造价工程联合会(ICEC)给出的定义,全面造价管理(TCM)是指有效地利用专业知识与技术,对资源、成本、盈利和风险进行筹划和控制。建设工程全面造价管理包括全寿命期造价管理、全过程造价管理、全要素造价管理和全方位造价管理。

1.全寿命期造价管理

全寿命期造价是指建设工程初始建造成本和建成后的日常使用成本之和,包括策划决策、建设实施、运行维护及拆除回收等各阶段费用。由于在建设工程全寿命期的不同阶段,工程造价存在诸多不确定性,因此全寿命期造价管理主要作为一种实现建设工程全寿命期造价最小化的指导思想,指导建设工程投资决策及实施方案的选择。

2.全过程造价管理

全过程造价管理是指覆盖建设工程策划决策及建设实施各阶段的造价管理。包括计划决策阶段的项目策划、投资估算、项目经济评价、项目融资方案分析;设计阶段的限额设计、方案比选、概预算编制;招标投标阶段的标段划分、发承包模式及合同形式的选择、招标控制价或标底编制;施工阶段的工程计量与结算、工程变更控制、索赔管理;竣工验收阶段的结算与决算等。

3.全要素造价管理

影响建设工程造价的因素有很多。控制建设工程造价不仅是控制建设工程本身的建造成本,还应考虑工期成本、质量成本、安全与环境成本的控制,从而实现工程成本、工期、质量、安全、环保的集成管理。全要素造价管理的核心是按照优先性原则,协调和平衡工期、质量、安全、环保与成本之间的对立统一关系。

4.全方位造价管理

建设工程造价管理不仅是建设单位或承包单位的任务,也是政府建设主管部门、行业协会、建设单位、设计单位、施工单位以及有关咨询机构的共同任务。尽管各方的地位、利益、角度等有所不同,但必须建立完善的协同合作机制,才能实现对建设工程造价的有效控制。

二、工程造价管理的主体

工程造价管理是工程管理的最主要内容,是各方关注的焦点,涉及工程建设的参与各方,包括政府主管部门、行业协会和事业单位、投资人或建设单位、承包商或施工单位、设计单位和工程造价咨询企业等。

(一)政府主管部门

1.国务院建设主管部门造价管理机构

国务院建设主管部门造价管理机构的主要职责:一是组织制定工程造价

管理有关法规、制度并组织贯彻实施;二是组织制定全国统一经济定额和制定、修订本部门经济定额;三是监督指导全国统一经济定额和本部门经济定额的实施;四是制定和负责全国工程造价咨询企业的资质标准及其资质管理工作,制定全国工程造价管理专业人员职业资格准入标准,并监督执行。

2. 国务院其他部门的工程造价管理机构

国务院其他部门的工程造价管理机构有水利、水电、电力、石油、石化、机械、冶金、铁路、煤炭、建材、林业、有色、核工业、公路等行业和军队的造价管理机构。主要是修订、编制和解释相应的工程建设标准定额,有的还担负本行业大型或重点建设项目的概算审批、概算调整等职责。

3. 省、自治区、直辖市工程造价管理部门

省、自治区、直辖市工程造价管理部门的主要职责是修编、解释当地定额、收费标准和计价制度等。此外,还有开展工程造价审查(核)、提供造价信息、处理合同纠纷等职责。

(二)行业协会和事业单位(工程造价管理机构)

行业协会和事业单位的主要职责,一是协助政府主管部门提出行业立法的建议,协助相关制度建设,起草行业标准;二是协助政府部门做好工程计价定额、工程计价信息等公共服务,发布行业有关资讯、动态;三是反映造价工程师和工程造价咨询企业诉求,研究和制定行业发展战略,起草行业发展规划,进行职业教育、人才培养,指导工程造价专业学科建设,引导行业可持续发展,开展国际交流和会员服务等。

(三)投资人或建设单位

投资人或建设单位关注的是整个建设项目的整体目标,包括投资控制目标的实现,建设项目的合法合规性、技术的先进性、经济的合理性等;对于投资人而言,一般还要从投资控制、资金的使用绩效等角度进行工程造价审计。

(四)承包商或施工单位

承包商或施工单位是在工程承发包阶段,预测工程成本,制定投标策略,进行投标报价;在工程施工阶段,按计划组织工程的具体实施,在合同工期内完成工程实体建设,达到设计目标,管控好工程成本。

(五)设计单位

设计单位是通过图纸的不断深化,最终做出具体的设计实施方案,实现投资人或建设单位的设计意图和建设目标,并通过工程概算和施工图预算等控制工程造价,进行设计优化等。

(六)工程造价咨询企业

工程造价咨询企业主要是服务于投资人或建设单位,进行工程建设各阶段的工程计量与计价,进行建设项目的方案比选与设计优化等价值管理和经济评价,进行建设工程合同价款的分析、确定与调整,进行工程结算审核与工程审计等;接受仲裁机构或法院委托进行工程造价鉴定、工程经济纠纷调解等;也可以服务于承包人或施工单位,进行建设工程的工料分析、计划、组织与成本管理等。

三、工程造价管理的主要内容

在工程建设全过程各个阶段,工程造价管理有着不同的工作内容,其目的是在优化建设方案、设计方案、施工方案的基础上,有效控制建设工程项目的实际费用支出。

工程项目策划阶段:按照有关规定编制和审核投资估算,经有关部门批准,即可作为拟建工程项目的控制造价;基于不同的投资方案进行经济评价,作为工程项目决策的重要依据。

工程设计阶段:在限额设计、优化设计方案的基础上编制和审核工程概算、施工图预算。对于政府投资工程而言,经有关部门批准的工程概算将作为拟建工程项目造价的最高限额。

工程发承包阶段:进行招标策划,编制和审核工程量清单、招标控制价或标底,确定投标报价及其策略,直至确定承包合同价。

工程施工阶段:进行工程计量及工程款支付管理,实施工程费用动态监控,处理工程变更和索赔。

工程竣工阶段:编制和审核工程结算、编制竣工决算,处理工程保修费用等。

第二章 建设项目投资决策阶段工程造价及案例分析

第一节 建设项目投资估算

一、建设项目投资估算的基本概念

投资估算是指在整个投资决策过程中,依据现有的资源和一定的方法,对建设项目未来发生的全部费用进行预测和估算。建设项目投资估算的准确性直接影响到项目的投资方案、基建规模、工程设计方案、投资经济效果,并直接影响到项目建设顺利进行。

(一)建设项目投资估算的作用

建设项目建议书阶段的投资估算,是建设项目主管部门审批建设项目建议书的依据之一,对建设项目的规划、规模起参考作用。

建设项目可行性研究阶段的投资估算,是建设项目投资决策的重要依据,也是研究、分析、计算建设项目投资经济效果的重要条件。当可行性研究报告被批准之后,其投资估算额就作为设计任务中下达的投资限额,即作为建设项目投资的最高限额,不得随意突破。

建设项目投资估算对工程设计概算起控制作用,设计概算不得突破批准的投资估算额,并应控制在投资估算额以内。

建设项目投资估算可作为建设项目资金筹措及制定建设贷款计划的依据,建设单位可根据批准的投资估算额,进行资金筹措和向银行申请贷款。

建设项目投资估算是核算建设项目固定资产投资需要额和编制固定资产投资计划的重要依据。

建设项目投资估算是进行工程设计招标、优选设计单位和设计方案的依据。在进行工程设计招标时,投标单位报送的标书中,除了具有设计方案的图纸说明、建设工期等之外,还应当包括建设项目的投资估算和经济性分析,以便衡量设计方案的经济合理性。

建设项目投资估算是实行工程限额设计的依据。实行工程限额设计,要求设计者必须在一定的投资额范围内确定设计方案,以便控制项目建设和装饰的标准。

(二)投资估算的阶段划分与精度要求

初步设计之前的投资决策过程可分为项目规划阶段、项目建议书阶段、初步可行性研究阶段、详细可行性研究阶段、评估审查阶段、设计任务书阶段。不同阶段所掌握的资料和具备的条件不同,因而投资估算的准确程度不同,所起的作用也不同。项目投资估算的阶段划分、精度要求及其作用如表 2-1 所示。

表2-1 投资估算的阶段划分、精度与作用

投资估算阶段划分	投资估算误差率	投资估算的主要作用
项目规划阶段	≥±30%	1.按规划的要求和内容,初步估算项目所需投资额 2.否定项目或决定是否进行深入研究的依据
项目建议书阶段	±30% 内	1.主管部门审批项目建议书的依据 2.否定或判断项目是否需要进行下阶段的工作
初步可行性研究阶段	±20% 内	据此确定项目是否进行详细可行性研究
详细可行性研究阶段	±10% 内	1.决定项目是否可行 2.可据此列入项目年度基建计划
评估审查阶段	±10% 内	1.作为对可行性研究结果进行评价的依据 2.作为对项目进行最后决定的依据
设计任务书阶段	±10% 内	1.作为编制投资计划,进行资金筹措及申请贷款的主要依据 2.作为控制初步设计概算和整个工程造价的最高限额

(三)投资估算的内容

根据工程造价的构成,建设项目的投资估算包括固定资产投资估算和流动资金估算。固定资产投资估算包括静态投资估算和动态投资估算。按照费用的性质划分,静态投资包括设备及工器具购置费、建筑安装工程费用、工程建设其他费用及基本预备费。动态投资则是在静态投资基础上加上建设期贷

款利息、涨价预备费及固定资产投资方向调节税。

根据国家现行规定,新建、扩建和技术改造项目,必须将项目建成投产后所需的流动资金列入投资计划,流动资金不落实的,国家不予批准立项,银行不予贷款。

二、固定资产投资估算的编制方法

(一)静态固定资产投资估算

固定资产投资估算的编制方法很多,各有其适用条件和范围,而且其精度也各不相同。估算时应根据项目的性质、现有的技术经济资料和数据的具体情况,选用适宜的估算方法。其主要估算方法有以下几种。

1.生产规模指数估算法

生产规模指数估算法是利用已建成项目的投资额或其设备投资额,估算同类而不同生产规模的项目投资或其设备投资的方法,其估算表达式为:

$$C_2 = C_1 (\frac{Q_2}{Q_1})^n \times C_f$$

式中:

C_1——已建同类型项目的投资额;

C_2——拟建项目的投资额;

Q_1——已建同类型项目的生产规模;

Q_2——拟建项目的生产规模;

C_f——增价系数;

n——生产规模指数。

生产规模指数估算法中生产规模指数 n 是一个关键因素。不同行业、性质、工艺流程、建设水平、生产率水平的项目,应取不同的指数值。选取 n 值的原则是:靠增大设备或装置的尺寸扩大生产规模时,n 取 0.6~0.7;靠增加相同的设备或装置的数量扩大生产规模时,n 取 0.8~0.9;化工系统 n 取 0.6~0.7。另外,拟估投资项目的生产能力与原有已知资料项目的生产能力的比值有一定限制范围,一般这一比值不能超过50倍,以在10倍之内效果较好。

2.资金周转率法

资金周转率法是利用资金周转率指标来进行投资估算的方法。先根据已建类似项目的有关数据计算资金周转率,然后根据拟建项目的预计年产量和单价估算拟建项目投资。其计算公式如下：

$$资金周转率 = \frac{年销售总额}{总投资} = \frac{年产量 \times 单位产品售价}{总投资}$$

$$总投资 = \frac{预计年产量 - 预计单位产品售价}{资金周转率}$$

该法简便易行，节约时间和费用。然而，由于项目相关数据的确定性较差，导致投资估算的精度较低。

3.单元指标估算法

单元指标指每个估算单位的投资额。如啤酒厂单位生产能力投资指标、饭店单位客户房间投资指标、冷库单位储藏量投资指标、医院每个床位投资指标等。单元指标估算法在实际工作中使用较多。工业建设项目和民用建设项目的投资估算公式如下。

工业建设项目单元指标估算法：

$$项目投资额 = 单元指标 \times 生产能力 \times 物价浮动指数$$

民用建设项目单元指标估算法：

$$项目投资额 = 单元指标 \times 民用建筑功能 \times 物价浮动指数$$

（二）动态投资估算法

动态投资估算是指在投资估算过程中，考虑资金的时间价值。动态投资除了包括静态投资外，还包括价格变动增加的投资额、建设期贷款利息和固定资产投资方向调节税。

三、流动资金的估算方法

流动资金是指建设项目投产后维持正常生产经营所需购买原材料、燃料、支付工资及其他生产经营费用等所必不可少的周转资金。它是伴随着固定资产而发生的永久性流动资产投资，等于项目投产运营后所需全部流动资产扣除流动负债后的余额。流动资金的筹措可通过长期负债和资本金（权益融资）方式解决，流动资金借款部分的利息应计入财务费用，项目计算期末收回全部流动资金。流动资金的估算一般采用两种方法。

（一）扩大指标估算法

扩大指标估算法是按照流动资金占某种基数的比率来估算流动资金的。一般常用的基数有销售收入、经营成本、总成本费用和固定资产投资等。究竟采用何种基数依行业习惯而定。所采用的比率根据经验确定,或根据现有同类企业的实际资料确定,或依行业、部门给定的参考值确定。扩大指标估算法简便易行,但准确度不高,适用于项目建议书阶段的估算。

1. 产值(或销售收入)资金率估算法

产值(或销售收入)资金率估算法计算公式如下:

$$流动资金额=年产值(或年销售收入额)\times产值(或销售收入)资金率$$

2. 固定资产投资资金率估算法

固定资产投资资金率是流动资金占固定资产投资的百分比,其估算公式如下:

$$流动资金额=固定资产投资\times固定资产投资资金率$$

3. 单位产量资金率估算法

单位产量资金率即单位产量占用流动资金的数额,其估算公式如下:

$$流动资金额=年生产能力\times单位产量资金率$$

(二)分项详细估算法

分项详细估算法也称分项定额估算法。它是国际上通用的流动资金估算方法,按照下列公式分项详细估算:

$$流动资金=流动资产-流动负债$$

$$流动资产=现金+应收及预付账款+存货$$

$$流动负债=应付账款+预收账款$$

$$流动资金本年增加额=本年流动资金-上年流动资金$$

1. 现金的估算

现金估算公式如下:

$$现金=\frac{年工资及福利费 + 年其他费用}{年周转次数}$$

$$年周转次数=\frac{360天}{最低需要周转时间(天)}$$

年其他费用指制造费用、管理费用、销售费用、财务费用之和扣除这四项费用中所包含的工资及福利费、折旧费、维修费、摊销费、修理费及利息支出。

2. 应收(预付)账款的估算

应收账款是指企业已对外销售商品、提供劳务尚未收回的资金。应收(预付)账款的估算公式如下：

$$应收账款=\frac{年经营成本}{年周转次数}$$

3.存货的估算

存货包括各种外购原材料、燃料、包装物、低值易耗品、在产品、外购商品、协作件、自制半成品和产成品等。存货的估算一般仅考虑外购原材料、燃料、存产品、产成品，也可考虑备品备件。

$$外购原材料、燃料=\frac{年外购原材料、燃料费用}{年周转次数}$$

$$在产品=\frac{年外购原材料、燃料、动力费+年工资及福利费+年修理费+年其他制造费用}{年周转次数}$$

$$产成品=\frac{年经营成本-年其他运营费用}{年周转次数}$$

4.应付(预收)账款的估算

应付(预收)账款的估算公式如下：

$$应付账款=\frac{年外购原材料、燃料、动力费和商品备件费用}{年周转次数}$$

在采用分项详细估算法时，需要分别确定现金、应收账款、存货和应付账款的最低周转时间(天)。在确定周转时间(天)时要根据实际情况，并考虑一定的保险系数。对于存货中的外购原材料、燃料要根据不同品种和来源，考虑运输方式和运输距离等因素确定。

四、投资估算的审查

为了保证项目投资估算的准确性和估算质量，必须加强对项目投资估算的审查工作。投资估算审查内容包括以下几个方面。

(一)审查投资估算编制依据的可信性

审查选用的投资估算方法的科学性和适用性：因为投资估算方法很多，而每种投资估算方法都各有各的适用条件和范围，并具有不同的精确度。如果使用的投资估算方法与项目的客观条件不相适应，或者超出了该方法的适用范围，就不能保证投资估算的质量。

审查投资估算采用数据资料的时效性和准确性：项目投资估算所需的数据资料很多，如已运行的同类型项目的投资，设备和材料价格，运杂费率，有关的定额、指标、标准以及有关规定等。这些资料都与时间有密切关系，都可能随时间发生不同程度的变化,因此,进行投资估算时必须注意数据的时效性和准确性。

(二)审查投资估算的编制内容与规定、规划要求的一致性

审查项目投资估算包括的工程内容与规定要求是否一致,是否漏掉了某些辅助工程、室外工程等的建设费用。

审查项目投资估算的项目产品生产装置的先进水平和自动化程度等是否符合规划要求的先进程度。

审查是否对拟建项目与已运行项目在工程成本、工艺水平、规模大小、自然条件、环境因素等方面的差异进行了适当的调整。

(三)审查投资估算的费用项目、费用数额的符实性

审查费用项目与规定要求、实际情况是否相符,是否漏项或产生多项现象,估算的费用项目是否符合国家规定,是否针对具体情况进行了适当的增减。

审查"三废"处理所需投资是否进行了估算,其估算数额是否符合实际。

审查是否考虑了物价上涨和汇率变动对投资额的影响,考虑的波动变化幅度是否合适。

审查是否考虑了采用新技术、新材料以及现行标准和规范比已运行项目的要求提高所需增加的投资额,考虑的额度是否合适。

第二节　建设项目财务评价

一、建设项目国民经济评价与财务评价的关系

建设项目的经济评价是可行性研究的核心,经济评价又可分为国民经济评价和财务评价两个层次。国民经济评价是从国家和全社会角度出发,采用影子价格、影子工资、影子汇率、社会折现率等经济参数,计算项目需要国家付出的代价和项目对实现国家经济发展的战略目标以及对社会效益的贡献大小,即从国民经济的角度判别建设项目经济效果的好坏,分析建设项目的国家营利性,决策部门可根据项目国民经济评价结论,决定项目的取舍。对建设项

目进行国民经济评价的目的,在于寻求用尽可能少的投资费用,取得能产生尽可能大的社会效益的方案。

建设项目的财务评价是从企业或项目的角度出发,根据国家现行财政、税收制度和现行市场价格,计算项目的投资费用、产品成本、产品销售收入、税金等财务数据,进而考察项目在财务上的潜在获利能力,据此判断建设项目的财务可行性和财务可接受性,并得出财务评价的结论。投资者可根据项目财务评价结论,项目投资的财务经济效果和投资所承担的风险程度,决定项目是否应投资建设。

建设项目的国民经济评价与财务评价是项目经济评价中两个不同的层次,但两者具有共同的特征:①两者的评价目的相同。它们都要寻求以最小的投入获得最大的产出。②两者的评价基础相同。它们都是在完成市场需求预测、工程技术方案、资金筹备的基础上进行评价。③两者的计算期相同。它们都要通过计算包括项目的建设期、生产期全过程的费用效益来评价项目方案的优劣,从而得出项目方案是否可行的结论。

建设项目的国民经济评价与财务评价作为项目经济评价中的两个层次,两者的区别表现在以下几个方面。

第一,评价的目的和角度不同。国民经济评价是以国家、全社会的整体角度考虑项目对国家的净贡献,即考察项目的国民经济效益,以确定投资行为的宏观可行性。它是以国民收入最大化为目标的营利性评价,属宏观经济评价。财务评价是站在企业或项目自身立场上,以财务角度考察项目的货币收支和财务盈利水平以及借款偿还能力,以确定投资行为的财务可行性,它是以企业净收入最大化为目标的营利性评价,属微观经济评价。

第二,收益与费用的划分范围不同。国民经济评价是根据项目所耗费的有用资源和项目对社会提供的有用产品和服务来考察项目的费用和收益,凡是增加国民收入的就是国民经济收益,凡是减少国民收入的就是国民经济费用;除了考虑项目的直接经济效果之外,还要考虑项目的间接效果,一般不考虑通货膨胀、税金、国内贷款利息和税金等转移支付。财务评价是根据项目的实际收支情况来确定项目的财务收益和费用,凡是增加项目收入的就是财务收益,凡是减少企业收入的就是财务费用;一般要考虑通货膨胀、税金、利息。在计算项目的收益和费用时只考虑项目的直接效果。

第三,采用的价格和参数不同。财务评价对投入物和产出物采用现行的市场实际价格,而国民经济评价采用根据机会成本和供求关系确定的影子价格。财务评价采用因行业而异的基准收益率作为贴现率,而国民经济评价采用国家统一测定的社会贴现率(社会贴现率是一个国家参数,由国家有关部门制定);财务评价采用官方汇率,而国民经济评价采用国家统一测定的影子汇率;财务评价采用当地通常的工资水平,而国民经济评价采用影子工资。

二、建设项目财务评价的作用和内容

(一)建设项目财务评价的作用

项目的财务评价无论是对项目投资主体,还是对为项目建设和生产经营提供资金的其他机构或个人,均具有重要作用。其主要作用表现如下。

1.为项目制定适宜的资金规划

确定项目实施所需资金的数额,根据资金的可能来源及资金的使用效益,安排恰当的用款计划及选择适宜的筹资方案,是财务评价要解决的问题。项目资金的提供者据此安排各自的出资计划,以保证项目所需资金能及时到位。

2.考察项目的财务盈利能力

项目的财务盈利水平如何,能否达到国家规定的基准收益率,项目投资的主体能否取得预期的投资效益,项目的清偿能力如何,是否低于国家规定的投资回收期,项目债权人权益是否有保障等,是项目投资主体、债权人以及国家、地方各级决策部门、财政部门共同关心的问题。一个项目是否值得兴建,首先要考察项目的财务盈利能力等各项经济指标,进行财务评价。

3.为协调企业利益和国家利益提供依据

有些投资项目是国计民生所急需的,其国民经济评价结论好,但财务评价不可行。为了使这些项目具有财务生存能力,国家需要用经济手段予以调节。财务评价可以通过考察有关经济参数(如价格、税收、利率等)变动对分析结果的影响,寻找经济调节的方式和幅度,使企业利益和国家利益趋于一致。

(二)项目财务评价的内容

1.识别财务收益和费用

识别财务收益和费用是项目财务评价的前提。收益和费用是针对特定目标而言的。收益是对目标的贡献;费用则是对目标的反贡献,是负收益。项目的财务目标是获取尽可能大的利润,因此,正确识别项目的财务收益和费用应以项目为界,以项目的直接收入和支出为目标。项目的财务效益主要表现为生产经营的产品销售(营业)收入;财务费用主要表现为建设项目投资、经营成本和税金等各项支出。此外,项目得到的各种补贴、项目寿命期末回收的固定资产余值和流动资金等,也是项目得到的收入,在财务评价中视作收益处理。

2.收集、预测财务评价的基础数据

收集、预测的数据主要包括:预计产品销售量及各年度产量;预计的产品价格,包括近期价格和预计的价格变动幅度;固定资产、无形资产、递延资产和流动资金投资估算;成本及其构成估算等。这些数据大部分是预测数,因此这一步骤又称为财务预测。财务预测的质量是决定财务分析成败和质量的关键。

3.编制财务报表

为分析项目的盈利能力需编制的主要报表有现金流量表、损益表及相应的辅助报表;为分析项目的清偿能力需编制的主要报表有资产负债表、资金来源与运用表及相应的辅助报表;对于涉及外贸、外资及影响外汇流量的项目,为考察项目的外汇平衡情况,尚需编制项目的财务外汇平衡表。

4.财务评价指标的计算与评价

由上述财务报表,可对项目的盈利能力、清偿能力及外汇平衡等财务状况作出评价,判断项目的财务可行性。财务评价的盈利能力分析要计算财务内部收益率、净现值、投资回收期等主要评价指标,根据项目的特点及实际需要,也可计算投资利润率、投资利税率、资本金利润率等指标。清偿能力分析要计算资产负债率、借款偿还期、流动比率、速动比率等指标。

三、建设项目财务评价的程序

建设项目的财务评价是在做好市场调查研究、预测、项目技术水平研究和设计方案以及具备一系列财务数据的基础上进行的,其基本程序如下。

(一)收集、整理和计算有关基础财务数据资料,编制基础财务报表

财务数据资料是进行项目财务评价的基本依据,因此在进行财务评价之前,必须预测有关的财务数据。财务数据主要如下:①项目投入物和产出物的价格。它是一个重要的基础财务数据,在对项目进行财务评价时,必须科学地、合理地选用价格,而且应说明选用某价格水平的依据,列出价格选用依据表。②根据项目建设期间分年度投资支出额和项目投资总额,编制投资估算

表。③根据项目资金来源方式、数额、利息率,编制资金筹措表。④根据投资形成的资产估算值及财政部门规定的折旧额与摊销费计算办法,计算固定资产年折旧额、无形资产及递延资产年摊销费,编制折旧与摊销估算表。⑤根据借款计划、还款办法及可供还款的资金来源,编制债务偿还表。⑥按照成本构成分项估算各年预测值,并计算各年成本费用总额,编制成本费用估算表。⑦根据预测的销售量和价格计算销售收入,按税务部门规定计算销售税金。编制销售收入、税金估算表。

(二)编制主要财务报表

财务评价所需主要财务报表一般有财务现金流量表(包括全部投资及自有资金两种财务现金流量表)、损益表、资金来源与运用表、资产负债表。

(三)财务评价结论

运用财务报表的数据计算项目的各项财务评价指标值,并进行财务可行性分析,得出项目财务评价结论。

四、建设项目财务评价的指标体系

评价项目财务效果的好坏,一方面取决于基础数据的可靠性,另一方面取决于评价指标体系的合理性,只有选取正确的评价指标体系,财务评价的结果才能与实际情况相吻合,才具有实际意义。一般项目的财务评价指标体系包括盈利能力指标、清偿能力指标,如果项目的产品涉及进出口,还要进行外汇平衡能力分析。由于投资者投资目标的多样性,项目的财务评价指标体系也不是唯一的,根据不同的评价深度要求和可获得资料的多少以及项目本身所处条件的不同,可选用不同的指标,这些指标有主有次,可以从不同角度反映投资项目的经济效果。

(一)反映建设项目盈利能力的指标

项目财务盈利能力指标主要考察项目投资的盈利水平,反映项目盈利能力的指标主要有财务净现值、财务内部收益率、投资回收期等,通过现金流量表可以计算。除此之外,还有投资利润率、投资利税率和资本金利润率等指标也能反映建设项目的盈利能力。

1.财务净现值(ENPV)

根据全部投资(或自有资金)的现金流量表计算的全部投资(或自有资金)

财务净现值,是指按行业的基准收益率或设定的折现率(i_c),将项目计算期内各年净现金流量折现到建设期初的现值之和。它是考查项目在计算期内盈利能力的动态评价指标,其表达式为:

$$ENPV = \sum_{t=0}^{n} (CI - CO)_t (1 + i_c)^{-t}$$

式中:

CI——现金流入量;

CO——现金流出量;

$(CI - CO)_t$——第 t 年的净现金流量;

i_c——基准收益率或设定的折现率。

当财务净现值大于或等于零时,表明项目在计算期内可获得大于或等于基准收益水平的收益额。当财务净现值 ENPV≥0 时,则表明项目在财务上可以接受。

2. 财务内部收益率(FIRR)

财务内部收益率是使项目整个计算期内各年净现金流量现值累计等于零时的折现率。它反映项目所占用资金的盈利率,是考察项目盈利能力的主要动态评价指标,其表达式为:

$$\sum_{t=0}^{n} (CI - CO)_t (1 + FIRR)^{-t} = 0$$

财务内部收益率的具体计算可根据现金流量表中净现金流量用试差法进行。具体计算公式为:

$$FIRR = i_1 + \frac{ENPV(i_1)}{ENPV(i_1) + \left| ENPV(i_2) \right|} (i_1 - i_2)$$

式中:

i_1——较低的试算折现率,使 $ENPV(i_1) \geqslant 0$;

i_2——较高的试算折现率,使 $ENPV(i_2) \leqslant 0$。

$$ENPV(i_1) = \sum_{t=1}^{n} (CI - CO)_t (1 + i_1)^{-t}$$

$$ENPV(i_2) = \sum_{t=1}^{n} (CI - CO)_t (1 + i_2)^{-t}$$

财务内部收益率是反映项目在设定的计算期内全部投资的盈利能力指标,财务内部收益率与行业的基准收益率或设定的折现率(i_c)比较,当 FIRR≥i_c

时,则认为项目盈利能力已满足最低要求,在财务上可以考虑被接受。

3.投资回收期(P)

投资回收期包括静态投资回收期和动态投资回收期。

(1)静态投资回收期

静态投资回收期是指以项目的净收益抵偿全部投资(固定资产投资、流动资金)所需的时间。它是考查项目在财务上的投资回收能力的主要静态评价指标。投资回收期以年表示,一般从建设开始年算起,其表达式为:

$$\sum_{t=0}^{P_t}(\text{CI} - \text{CO})_t = 0$$

投资回收期可根据全部投资的现金流量表,分别计算出项目所得税前及所得税后的全部投资回收期。实用计算公式为:

$$P_t = (T - 1) + \frac{\text{第}(T-1)\text{年累计净现金流量的绝对值}}{\text{第}T\text{年净现金流量}}$$

式中:

T——累计净现金流量开始出现正值的年份数。

静态投资回收期(P_t)与行业的基准静态投资回收期(P_c)进行比较,当$P_t \leqslant P_c$时,表明项目投资能在规定的时间内收回,则项目在财务上可以考虑被接受。

(2)动态投资回收期

动态投资回收期是指以项目的净收益现值抵偿全部投资(固定资产投资、流动资金)现值所需的时间。它是考察项目在财务上的投资回收能力的主要动态评价指标。动态投资回收期的计算公式如下:

$$\sum_{t=0}^{P_t^*}(\text{CI} - \text{CO})_t(1 + i_0)^{-t} = 0$$

其实用计算公式为:

$$P_t^* = (T - 1) + \frac{\text{第}(T-1)\text{年累计净现值绝对值}}{\text{第}T\text{年净现值}}$$

式中:

T——累计净现值开始出现正值的年份数。

P_t^*与基准的动态投资回收期(P_c^*)进行比较,当$P_t^* < P_c^*$时,表明项目在财务上可行。

4. 投资利润率

投资利润率是指项目达到设计生产能力后的一个正常生产年份的年利润总额与项目总投资的比率。它是考察项目单位投资盈利能力的静态指标。对生产期内各年的利润总额变化幅度较大的项目,应计算生产期平均利润总额与项目总投资的比率,其计算公式为:

$$投资利润率=\frac{年利润总额或年平均利润总额}{项目总利润}\times100\%$$

项目总投资=固定资产投资+全部流动资金

投资利润率可根据损益表中的有关数据计算求得,投资利润率与行业平均投资利润率比较,当投资利润率大于行业平均投资利润率时,表明项目单位投资盈利能力达到本行业的平均水平,则项目在财务上可以考虑被接受。

5. 投资利税率

投资利税率是指项目达到设计生产能力后的一个正常生产年份的年利税总额或项目生产期内的年平均利税总额与项目总投资的比率。它是反映项目单位投资盈利能力和对财政所做贡献的指标,其计算公式为:

$$投资利税率=\frac{年利税总额或年平均利税总额}{项目总投资}\times100\%$$

年利税总额=年产品销售(营业)收入-年总成本费用

年利税总额=年利润总额+年销售税金及附加

投资利税率可根据损益表中的有关数据得到。将投资利税率与行业平均投资利税率对比,当投资利税率大于行业平均投资利税率时,表明项目单位投资对国家积累的贡献水平达到本行业的平均水平,项目在财务上可以考虑被接受。

6. 资本金利润率

资本金利润率是指项目达到设计生产能力后的一个正常生产年份的年利润总额或项目生产期内的年平均利润总额与资本金的比率。它反映投入项目的资本金的盈利能力,其计算公式为:

$$资本金利润率=\frac{年利润总额或年平均利润总额}{资本金}\times100\%$$

(二)反映建设项目清偿能力的指标

项目清偿能力分析主要是考察项目计算期内各年的财务状况及偿债能力。反映项目清偿能力的指标有借款偿还期、财务比率等,财务比率包括资产负债率、流动比率、速动比率等。

1.固定资产投资国内借款偿还期

固定资产投资国内借款偿还期简称借款偿还期,是指在国家财政规定及项目具体财务条件下,以项目投产后可用于还款的资金偿还固定资产投资国内借款本金和建设期利息(不包括已用自有资金支付的建设期利息)所需要的时间。其表达式为:

$$\sum_{t=1}^{P_d} R_t - I_d = 0$$

式中:

I_d——固定资产投资国内借款本金和建设期利息(不包括已用自有资金支付的部分)之和;

P_d——固定资产投资国内借款偿还期(从借款开始年计算,当从投产年算起时,应予注明);

R_t——第 t 年可用于还款的资金,包括利润、折旧、摊销及其他还款资金。

借款偿还期可由资金来源与运用表、(国内)借款还本付息计算表直接推算,以年表示。其计算公式为:

$$P_d = T - t + \frac{R_T^{'}}{R_T}$$

式中:

T——借款偿还后开始出现盈余年份数;

t——开始借款年份数(从投产年算起时,为投产年年份数);

$R_T^{'}$——第 T 年偿还借款额;

R_T——第 T 年可用于还款的资金额。

当借款偿还期在规定的时间内,表明项目清偿能力较强。

2.财务比率

根据资产负债表可以计算资产负债率、流动比率和速动比率等财务比率,以分析项目的清偿能力。

(1)资产负债率

资产负债率是负债总额与资产总额之比,是反映项目各年所面临的财务风险程度及偿债能力的指标。该比率越小,则偿债能力越强。计算公式为:

$$资产负债率=\frac{负债总额}{资产总额}\times100\%$$

（2）流动比率

流动比率是流动资产总额与流动负债总额之比,是反映项目各年偿付流动负债能力的指标。该比率越高,则偿还短期负债的能力越强。计算公式为:

$$流动比率=\frac{流动资产总额}{流动负债总额}\times100\%$$

（3）速动比率

速动比率是速动资产与流动负债总额的比率,速动资产是流动资产减去存货后的差额。速动比率是反映项目各年快速偿付流动负债能力的指标。速动比率越高,则在很短的时间内偿还短期债务的能力越强。计算公式为:

$$速动比率=\frac{流动资产-存货}{流动负债总额}\times100\%$$

以上财务比率指标,很难对不同行业制定统一的标准判据,在财务评价中应根据具体情况及行业特点进行分析。

（三）反映创汇、节汇能力的指标及外汇平衡分析

涉及创汇、节汇的项目应进行外汇效果分析,计算财务外汇净现值、换汇成本及节汇成本等,进行外汇平衡分析。

1.财务外汇净现值（FNPVF）

财务外汇净现值（FNPVF）指标可以通过外汇流量表直接求得,该指标衡量项目对国家创汇的净贡献（创汇）或净消耗（用汇）。FNPVF的计算公式如下:

$$FNPVF = \sum_{t=0}^{n}(FI - FO)_t(1 + i)^{-t}$$

式中:

FI——外汇流入量;

FO——外汇流出量;

$(FI - FO)_t$——第 t 年的净外汇流量;

i——折现率,一般可取外汇贷款利率;

n——计算期。

当项目有产品替代进口时,可按净外汇效果计算外汇净现值。

2.财务换汇成本及财务节汇成本

财务换汇成本是指换取1美元外汇所需要的人民币金额,以项目计算期内生产出口产品所投入的国内资源的现值与出口产品的外汇净现值之比表示,其计算方式为:

$$财务换汇成本 = \frac{\sum_{t=0}^{n} DR_t (1 + i)^{-t}}{\sum_{t=0}^{n} (FI - FO)_t (1 + i)^{-t}}$$

式中:

DR_t——第t年生产出口产品投入的国内资源(包括投资、原材料、工资及其他投入)。

当项目产品内销属于替代进口时,也应计算财务节汇成本,即节约1美元外汇所需要的人民币金额。它等于项目计算期内生产替代进口产品所投入的国内资源现值与生产替代进口产品的外汇净现值之比。

3.外汇平衡分析

项目外汇平衡分析主要是考察涉及外汇收支的项目在计算期内各年的外汇余缺程度,需编制财务外汇平衡表。财务外汇平衡表中"外汇余缺"项可直接反映项目计算期内各年外汇余缺程度,进行外汇平衡分析。对外汇不能平衡的项目,即"外汇余缺"出现负值的项目应根据其外汇短缺程度,提出切实可行的具体解决方案。"外汇余缺"可由该表中其他各项数据按照外汇来源等于外汇运用的等式直接推算。其他各项数据分别来自收入、投资、资金筹措、成本费用、借款偿还等相关的估算报表或估算资料。

第三节 案例分析

一、案例

项目建设前期为一年,建设期为两年,该项目的实施计划为:第一年完成项目的全部投资40%,第二年完成60%,第三年项目投产并且达到100%设计生产能力,预计年产量为3 000万吨。

全套设备拟从国外进口,重量1 850吨,装运港船上交货价为460万美元,国际运费标准为330美元/吨,海上运输保险费率为0.267%,中国银行费率为0.45%,外贸手续费率为1.7%,关税税率为22%,增值税税率为17%,美元对人民币的银行牌价为1:6.7,设备的国内运杂费率为2.3%。

根据已建同类项目统计情况,一般建筑工程占设备购置投资的27.6%,安装工程占设备购置投资的10%,工程建设其他费用占设备购置投资的7.7%,以上三项的综合调整系数分别为:1.23,1.15,1.08。

本项目固定资产投资中有2 000万元来自银行贷款,其余为自有资金,且不论借款还是自有资金均按计划比例投入。根据借款协议,贷款利率按10%计算,按季计息。基本预备费费率为10%,建设期内涨价预备费平均费率为6%。

根据已建成同类项目资料,每万吨产品占用的流动资金为1.3万元。

二、问题

1.计算项目设备购置投资

2.估算项目固定资产投资额

3.试用扩大指标法估算流动资金

4.估算该项目的总投资

(注:计算结果保留小数点后两位)

三、分析

该案例属于建设项目投资估算类,综合了进口设备购置费计算、设备系数估算法、预备费计算、建设期贷款利息计算、扩大指标法估算流动资金等多个知识点。具体考核点如下。

问题1:涉及运用进口设备各从属费用计算公式计算拟建项目的设备购置投资,以此为基础计算其他各项费用。

问题2:以设备购置投资为基础,运用设备系数估算法计算出设备购置费、建筑安装费、工程建设其他费用三项之和;以上述三项费用之和为基数计算出基本预备费和价差预备费;将名义利率转化为实际利率后,按照具体贷款额计算出建设期贷款利息;将上述各项费用累加计算出拟建项目的固定资产投资额。

问题3:主要考查运用扩大指标估算拟建项目流动资金。

问题4:估算项目总投资,将固定资产投资估算额与流动资金估算额相加。

四、答案

问题1：

进口设备货价=460×6.7=3 082.00（万元）

国际运费=1 850×330×6.7=409.04（万元）

国外运输保险费=$\dfrac{3\ 082+409.04}{1-0.267\%}\times0.267\%=9.35$（万元）

银行财务费=3 082×0.45%=13.87（万元）

外贸手续费=（3 082+409.04+9.35）×1.7%=59.51（万元）

进口关税=（3 082+409.04+9.35）×22%=770.10（万元）

增值税=（3 082+409.04+9.35+770.10）×17%=725.98（万元）

进口设备原价=3 082+409.04+9.35+13.87+59.51+770.10+725.98=5 069.88（万元）

设备购置原价=5 069.88×（1+2.3%）=5 186.49（万元）

问题2：

设备购置价+建安工程费+工程建设其他费用=5 186.49×（1+27.6%×1.23+10%×1.15+7.7%×1.08）=7 974.95（万元）

基本预备费=7 974.95×10%=797.50（万元）

差价预备费=（7 974.95+797.50）×40%×[（1+6%）^{1}（1+6%）$^{0.5}$（1+6%）$^{1-1}$−1]+（7 974.95+797.50）×60%×[（1+6%）^{1}（1+6%）$^{0.5}$（1+6%）$^{2-1}$−1]=1 145.90（万元）

贷款实际利率=$\left(1+\dfrac{10\%}{4}\right)^4-1=10.38\%$

建设期第一年贷款利息=$\dfrac{1}{2}$×2 000×40%×10.38%=41.52（万元）

建设期第二年贷款利息=（2 000×40%+41.52+$\dfrac{1}{2}$×2 000×60%）×10.38%=149.63（万元）

建设贷款利息=41.52+149.63=191.15（万元）

固定资产投资=7 974.95+797.50+1 145.90+191.15=10 109.50（万元）

问题3：

流动资金=3 000×1.3=3 900.00（万元）

问题4：

项目总投资=10 109.50+3 900=14 009.50（万元）

第三章 建设项目设计阶段工程造价及案例分析

第一节 价值工程

一、价值工程原理

(一)价值工程的含义

价值工程是通过各相关领域的协作,对所研究对象的功能与成本进行系统分析,不断创新,旨在提高所研究对象价值的思想方法和管理技术。这里"价值"定义可以用以下公式表示:

$$V=\frac{F}{C}$$

式中:

V——价值(Value);

F——功能(Function);

C——成本或费用(Cost)。

价值工程的定义包括以下几方面的含义:①价值工程的性质属于一种"思想方法和管理技术"。②价值工程的核心内容是"对功能与成本进行系统分析"和"不断创新"。③价值工程旨在提高产品的"价值"。若与价值的定义结合起来,便应理解为旨在提高功能对成本的比值。④价值工程通常是由多个领域协作而开展的活动。

(二)价值工程的特点

1.以使用者的功能需求为出发点

价值工程出发点的选择应满足使用者对功能的需求。

2.对研究对象进行功能分析并系统研究功能与成本之间的关系

价值工程对功能进行分析的技术内容特别丰富,既要辨别必要功能和不必要功能、过剩功能和不足功能,又要计算出不同方案的功能量化值,还要考虑功能与其载体的有分有合问题。将功能与成本进行比较,形成比较价值的概念和量值。由于功能与成本关系的复杂性,必须用系统的观点和方法对其进行深入研究。

3.是致力于提高价值的创造性活动

提高功能与成本的比值是一项创造性活动,要求技术创新。提高功能或降低成本,都必须创造出新的功能载体或者创造新的载体加工制造的方法。

4.有组织、有计划、有步骤地开展工作

开展价值工程活动涉及各个部门的各方面人员。在他们之间,要沟通思想、交换意见、统一认识、协调行动,要步调一致地开展工作。

(三)价值工程的一般工作程序

开展价值工程活动一般分为4个阶段、12个步骤,如表3-1所示。

表3-1 价值工程的一般工作程序

工作阶段	工作步骤	对应问题
准备阶段	①对象选择;②组成价值工程小组;③制定工作计划	①VE(价值工程)的对象是什么?
分析阶段	④搜集整理信息资料;⑤功能系统分析;⑥功能评价	②该对象的用途是什么?③成本和价值是多少?
创新阶段	⑦方案创新;⑧方案评价;⑨提案编写	④是否有替代方案? ⑤新方案的成本是多少? ⑥能否满足要求?
实施阶段	⑩方案审批;⑪实施与检查;⑫成果鉴定	⑦价值工程活动效果如何?

二、价值工程主要工作内容

(一)对象选择

1.对象选择的一般原则

选择价值工程对象时应遵循以下两条原则:一是优先考虑企业生产经营上迫切要求改进的主要产品,或是对国计民生有重大影响的项目;二是对企业经济效益影响大的产品(或项目)。其具体包括以下几个方面。

设计方面:选择结构复杂、体大量重、技术性能差、能源消耗高、原材料消耗大或是稀有的、贵重的、奇缺的产品。

施工生产方面:选择产量大、工序烦琐、工艺复杂、工艺落后、返修率高、废品率高、质量难以保证的产品。

销售方面:选择用户意见大、退货索赔多、竞争力差、销售量下降或市场占有率低的产品。

成本方面:选择成本高、利润低的产品或在成本构成中比重大的产品。

2.对象选择的方法

对象选择的方法有很多,每种方法有各自的优点和适应性。下面介绍几种常见方法。

第一,经验分析法。该方法又称为因素分析法,是一种定性分析的方法,即凭借开展价值工程活动人员的经验和智慧,根据对象选择应考虑的因素,通过定性分析来选择对象。其优点是能综合、全面地考虑问题且简便易行,不需要特殊训练,特别是在时间紧迫或信息资料不充分的情况下,利用此方法较为方便。其缺点是缺乏定量依据,分析质量受工作人员的工作态度和知识经验水平的影响较大。若本方法与其他定量方法相结合往往能取得较好效果。

第二,百分比分析法。即按某种费用或资源在不同项目中所占的比重大小来选择价值工程对象的方法。

第三,ABC分析法。运用数理统计分析原理,按局部成本在总成本中比重的大小选择价值工程对象。一般来说,企业产品的成本往往集中在少数关键部件上。在选择对象产品或部件时,为便于抓住重点,首先将一个产品的各部件按成本的大小由高到低排列,然后绘制费用累计分配图。将占总成本70%~80%而占部件总数10~20%的部件划分为A类部件;将占总成本5%~10%而占部件总数60%~80%的部件划分为C类;其余为B类。其中A类部件是价值工程的主要研究对象。

ABC分析法的优点在于简单易行,能抓住成本中的主要矛盾,但企业在生产多品种、各品种之间不一定表现出均匀分布规律时应采用其他方法。该方法的缺点是有时部件虽属C类,但功能却较重要,有时因成本在部件或要素项目之间分配不合理,会发生漏选或顺序推后而未被选上的情况。这种情况可通过结合运用其他分析方法来尽量避免。

第四,强制确定法。该方法在选择价值工程对象、功能评价和方案评价中都可以使用。在对象选择中,通过对每个部件与其他各部件的功能重要程度进行逐一对比打分,相对重要的得1分,不重要的得0分,又称为01法。以各部件功能得分占总分的比例确定功能评价系数,根据功能评价系数和成本系数确定价值系数。

$$部件功能评价系数 F_i = \frac{某部件的功能得分值}{全部部件功能得分值}$$

$$部件成本系数 C_i = \frac{该部件目前成本}{全部部件成本}$$

$$部件价值系数 V_i = \frac{部件功能评价系数}{部件成本系数}$$

当 $V_i < 1$ 时,部件 i 作为 VE 对象;当 $V_i = 1$ 时,不作为 VE 对象;当 $V_i > 1$ 时视情况而定。

(二)信息资料的搜集

明确搜集资料的目的,确定资料的内容和调查范围,有针对性地搜集信息。搜集信息资料的首要目的就是要了解活动的对象,明确价值工程对象的范围,信息资料有利于帮助价值工程人员统一认识、确保功能、降低物耗。只有在以充分的信息作为依据的基础上,才能创造性地运用各种有效手段,正确地进行对象选择、功能分析和方案创新。

不同价值工程对象所需搜集的信息资料内容不尽相同。一般包括市场信息、用户信息、竞争对手信息、设计技术方面的信息、制造及外协方面的信息、经济方面的信息、本企业的基本情况、国家和社会方面的情况等。搜集信息资料是一项周密而系统的调查研究活动,应有计划、有组织、有目的地进行。

搜集信息资料的方法通常有:①面谈法,通过直接交谈搜集信息资料;②观察法,通过直接观察 VE 对象搜集信息资料;③书面调查法,将所需资料以问答形式预先归纳为若干问题然后通过资料问卷的回答来取得信息资料。

(三)功能系统分析

功能系统分析是价值工程活动的中心环节,具有明确用户的功能要求、转向对功能的研究、可靠实现必要的功能三个方面的作用。功能系统分析中的功能定义、功能整理、功能计量紧密衔接,有机地结合为一体运行。三者的作用和相互关系如表3-2所示。

表3-2　功能系统分析

分析步骤	分析目的	分析类别	回答问题
功能定义→功能整理→功能计量	部件的功能本质→功能之间的相互关系→必要功能的价值标值	功能单元的定性分析→功能相互关系的定性分析→单元功能的量化	它的功能是什么？→它的目的或手段是什么？→它的功能是多少？

(四)功能评价

功能评价包括研究对象的价值评价和成本评价两个方面的内容。价值评价着重计算、分析、研究对象的成本与功能间的关系是否协调、平衡,评价功能价值的高低,评定需要改进的具体对象。功能价值的一般计算公式与对象选择的价值的基本计算公式相同,不同的是功能价值计算所用的成本按功能统计,而不是按部件统计。

(五)方案创新的技术方法

1. 头脑风暴法

头脑风暴法指无拘无束、自由奔放地思考问题的方法。其具体步骤如下。

第一步:组织对本问题有经验的专家召开会议。

第二步:会议鼓励对本问题自由鸣放,相互不指责批判。

第三步:提出大量方案。

第四步:结合他人意见提出设想。

2. 哥顿法

哥顿法是会议主持人将拟解决的问题抽象后抛出,与会人员共同讨论并充分发表看法,在适当时机会议主持人再将原问题抛出继续讨论的方法。

(六)方案评价与提案编写

方案评价就是从众多的备选方案中选出价值最高的可行方案。方案评价可分为概略评价和详细评价,两者都包括技术评价、经济评价和社会评价等方面的内容。将这三个方面联系起来进行权衡则称为综合评价。技术评价是对方案功能的必要性及必要程度和实施的可能性进行分析评价;经济评价是对方案实施的经济效果进行分析评价;社会评价是对方案为国家和社会带来的影响和后果进行分析评价。综合评价又称为价值评价,是根据以上三个方面的评价内容对方案价值大小所做的综合评价。

为争取决策部门的理解和支持,使提案获得批准,要有侧重地撰写出具有充分说服力的提案书(表)。提案编写应扼要阐明提案内容,如改善对象的名称及现状、改善的原因及效果、改善后方案将达到的功能水平与成本水平、功能的满足程度、试验途径和办法以及必要的测试数据等。提案应具有说服力,使决策者理解并采纳提案。

第二节 设计概算的编制与审查

一、设计概算的内容和作用

(一)设计概算的内容

设计概算是在初步设计或扩初设计阶段,由设计单位按照设计要求概略地计算拟建工程从立项开始到交付使用为止全过程所发生的建设费用的文件,是设计文件的重要组成部分。在报请审批初步设计或扩大初步设计时,作为完整的技术文件必须附有相应的设计概算。

设计概算分为单位工程概算、单项工程综合概算、建设工程总概算三级。单位工程概算分为各单位建筑工程概算和设备及安装工程概算两大类,是确定单项工程中各单位工程建设费用的文件,是编制单项工程综合概算的依据。其中,建筑工程概算包括一般土建工程概算、给排水工程概算、电气照明工程概算,通风工程概算等;设备及安装工程概算分为机械设备及安装工程概算、电气设备及安装工程概算等。

单项工程综合概算是确定一个单项工程所需建设费用的文件,是根据单项工程内各专业单位工程概算汇总编制而成的。单项工程综合概算的组成内容如图3-1所示。

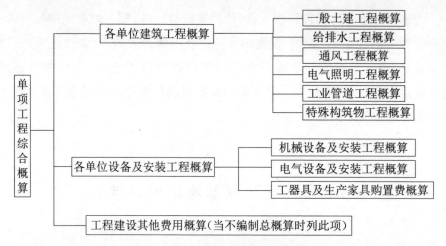

图3-1 单项工程综合概算的组成内容

建设工程总概算是确定整个建设工程从立项到竣工验收全过程所需要费用的文件。它由各单项工程综合概算,以及工程建设其他费用和预备费用概算等汇总编制而成。

(二)设计概算的作用

初步设计总概算按规定程序报请有关部门批准后即为建设工程总投资的最高限额,不得任意突破,如果确实需要突破,需报原审批部门批准。

设计人员根据设计概算进行设计方案技术经济分析、多方案评价并优选方案,以提高工程项目设计质量和经济效果。同时,设计概算为下阶段施工图设计确定了投资控制的目标。

在进行概算包干时,单项工程综合概算及建设工程总概算是投资包干指标商定和确定的基础,尤其是经上级主管部门批准的设计概算和修正概算,是主管单位和包干单位签订包干合同、控制包干数额的依据。

设计概算是建设单位进行项目核算、建设工程"三算"对比、考核项目成本和投资经济效果的重要依据。

二、设计概算的编制方法

设计概算是从最基本的单位工程概算编制开始逐级汇总而成。

(一)设计概算的编制依据和编制原则

1.设计概算的编制依据

设计概算的编制依据是:经批准的有关文件、上级有关文件、指标;工程地质勘测资料;经批准的设计文件;水、电和原材料供应情况;交通运输情况及运输价格;地区工资标准、已批准的材料预算价格及机械台班价格;国家或省市颁发的概算定额或概算指标、建筑安装工程间接费定额、其他有关取费标准;国家或省市规定的其他工程费用指标、机电设备价目表;类似工程概算及技术经济指标。

2.设计概算的编制原则

编制设计概算应坚持如下原则:应深入进行调查研究;结合实际情况合理确定工程费用;抓住重点环节、严格控制工程概算造价;应全面地、完整地反映设计内容;严格执行国家的建设方针和经济政策。

(二)单位工程概算的主要编制方法

1.建筑工程概算的编制方法

编制建筑单位工程概算的方法一般有扩大单价法、概算指标法两种,可根据编制条件、依据和要求的不同适当选取。

(1)扩大单价法

首先根据概算定额编制成扩大单位估价表。扩大单位估价表是确定单位工程中各扩大分部分项工程或完整的结构构件所需的全部材料费、人工费、施工机械使用费之和的文件,将扩大分部分项工程的工程量乘以扩大单位估价进行计算。其中工程量的计算,必须按定额中规定的各个分部分项工程内容,遵循定额中规定的计量单位、工程量计算规则及方法来进行。完整的编制步骤如下。

第一步:根据初步设计图纸和说明书,按概算定额中划分的项目计算工程量。有些无法直接计算的零星工程,如洒水、台阶、厕所蹲台等,可根据概算定额的规定,按主要工程费用的百分率(一般为5%～8%)计算。

第二步:根据计算的工程量套用相应的扩大单位估价,计算出材料费、人工费、施工机械使用费三者之和。

第三步:根据有关取费标准计算措施费、间接费、利润和税金。

第四步:将上述各项费用累加,其和为建筑工程概算造价。采用扩大单价法编制建筑工程概算比较准确,但计算过程较烦琐。具备一定的设计基础知识、熟悉概算定额时才能弄清分部分项工程的扩大综合内容,才能正确计算扩大分部分项工程的工程量。同时在套用扩大单位估价表时,若所在地区的工资标准及材料预算价格与概算定额不相符,则需要重新编制扩大单位估价或将测定系数加以修正。当初步设计达到一定深度、建筑结构比较明确时,可采用这种方法编制建筑工程概算。

(2)概算指标法

由于设计深度不够等原因,对一般附属、辅助和服务工程等项目以及住宅和文化福利工程项目或投资比较小、比较简单的工程项目,可采用概算指标法编制概算。用概算指标法编制概算的方法有如下两种。

第一种方法:直接用概算指标编制单位工程概算。

当设计对象的结构特征符合概算指标的结构特征时,可直接用概算指标编制概算。

①根据概算指标计算出直接费用,然后再编制概算。其具体步骤如下。

第一步:计算人工费、材料费、施工机械使用费,即直接费。

根据概算指标中每 $100\ m^2$ 建筑面积或每 $1\ 000\ m^3$ 建筑体积的人工和材料消耗指标,结合本地的工资标准、材料预算价格计算人工费和材料费。

$$人工费=概算指标规定的工日数×地区人工工日单价$$

$$材料费=主要材料费+其他材料费$$

$$主要材料费=\sum(概算指标规定的主要材料用量 × 地区材料预算价格)$$

$$其他材料费=\sum(主要材料费 × 其他材料占主要材料费的百分比)$$

施工机械使用费可在概算指标中直接查找,有的地区也可直接从概算指标中查出其他材料费。汇总上述费用,即得概算指标直接费:

$$概算指标直接费=人工费+材料费+施工机械使用费(元/100\ m^2或元/1\ 000\ m^3)$$

第二步:计算单位直接费。单位直接费根据概算指标直接费进行计算。

$$单位直接费=概算指标直接费/100(或1\ 000)(元/m^2或元/m^3)$$

第三步:计算措施费、利润、税金及概算单价。各项费用计算方法与用概算定额编制概算相同,概算单价为各项费用之和。

第四步:计算单位工程概算价值。

$$单位工程概算价值=单位工程建筑面积或建筑体积×概算单价$$

第五步:计算技术经济指标。

②根据基价调整系数计算调整后基价,然后编制概算。其编制步骤如下:

第一步:计算调整后基价。

$$调整后基价=概算指标规定的基价×基价调整系数$$

第二步:计算单位工程直接费。

$$单位工程直接费=单位工程建筑面积(或体积)×调整后基价$$

第三步:计算单位工程概算价值。

根据所计算的其他直接费、现场经费、间接费、利润、税金确定单位工程概算价值和技术经济指标,计算方法同前。

第二种方法:用修正后概算指标编制单位工程概算。

当设计对象的结构特征与概算指标的结构特征有局部差别时,可用修正后概算指标及单位价值,算出工程概算价值。其基本步骤如下。

第一步:根据概算指标算出每平方米建筑面积或每立方米建筑体积的直接费(方法同前)。

第二步:换算与设计不符的结构构件价值,即:

$$换出(入)结构构件价值=换出(入)结构构件工程量×相应概算定额的地区单价/100(或1\,000)$$
$$(元/m^2或元/m^3)$$

第三步:求出修正后的单位直接费。

$$单位直接费修正值=原概算指标单位直接费-换出结构构件价值+换入结构构件价值$$

求出修正后的单位直接费用后再按编制单位工程概算的方法编制出一般土建工程概算。

修正概算指标法还可用另一种方式进行,即从原工料数量和机械使用费中换出与设计对象不同的结构构件的工料数量和机械使用费,再换入所需结构构件的工料数量和机械使用费。这种方法是直接修正概算指标中的工料数量和机械使用费,从而将按概算指标和地区预算价格计算单价和修正单价的工作一次完成。

2.设备及安装工程概算的编制

设备及安装工程分为机械设备及安装工程和电气设备及安装工程两部分。设备及安装工程的概算由设备购置费和安装工程费两部分组成。

(1)设备购置概算的编制方法

设备购置费由设备原价和设备运杂费组成。

(2)设备安装工程概算的编制

预算单价法:当初步设计有详细设备清单时,可直接按预算单位(预算定额单价)编制设备安装工程概算。根据计算的设备安装工程量,乘以安装工程预算单价,经汇总求得。用预算单价法编制概算,计算比较具体,精确性较高。

扩大单价法:当初步设计的设备清单不完备或仅有成套设备的重量时,可采用主体设备、成套设备或工艺线的综合扩大安装单价编制概算。

概算指标法:当初步设计的设备清单不完备或安装预算单价及扩大综合单价不全,无法采用预算单价法和扩大单价法时,可采用概算指标编制概算。概算指标形式较多,概括起来主要可按以下几种指标进行计算。

按占设备价值的百分比(设备安装费费率)的概算指标计算:

$$设备安装费=设备原价×设备安装费费率$$

按每吨设备安装费的概算指标计算:

$$设备安装费=设备总吨数×每吨设备安装费$$

还可分为按座、台、套、组、根、功率等为计量单位的概算指标计算。按设备安装工程每平方米建筑面积的概算指标计算。设备安装工程有时可按不同的专业内容(如通风、动力、管道等)采用每平方米建筑面积的安装费用概算指标计算安装费。

(三)单项工程综合概算的编制

综合概算是以单项工程为编制对象,确定建成后可独立发挥作用的建筑物所需全部建设费用的文件,由该单项工程内各单位工程概算书汇总而成。综合概算书是工程项目总概算书的组成部分,是编制总概算书的基础文件,一般由编制说明和综合概算表两个部分组成。编制说明主要包括:编制依据;编制方法;主要材料和设备数量;其他有关问题。综合概算表可根据单位相关格式规定进行整理。

(四)总概算的编制

总概算是以整个工程项目为对象,确定项目从立项开始,到竣工交付使用整个过程全部建设费用的文件。它由各单项工程综合概算及其他工程和费用概算综合汇编而成。

1.总概算书的内容

总概算书一般由封面、签署页及目录、编制说明、总概算表及所含综合概算表、其他工程费用概算表、工程量计算表、工程数量汇总表、分年度投资汇总表、分年度资金流量汇总表等组成。

工程概况:说明工程建设地址、建设条件、期限、名称、产量、品种、规模、功用及厂外工程的主要情况等。

编制依据:说明设计文件、定额、价格及费用指标等依据。

编制范围:说明总概算书包括与未包括的工程项目和费用。

编制方法:说明采用何种方法编制等。

投资分析:分析各项工程费用所占比重、各项费用构成、投资效果等。此外,还要与类似工程进行类似比较,分析投资高低原因以及论证该设计是否经济合理。

主要设备和材料数量:说明主要机械设备、电气设备及主要建筑材料的数量。

其他有关的问题:说明在编制概算文件过程中存在的其他有关问题。

2.总概算表的编制方法

将各单项工程综合概算及其他工程和费用概算等汇总即为工程项目概算。

按总概算组成的顺序和各项费用的性质,将各个单项工程综合概算及其他工程和费用概算汇总列入总概算表。

将工程项目和费用名称及各项数值填入相应各栏内,然后按各栏分别汇总。

以汇总后总额为基础,按取费标准计算预备费用、建设期利息、固定资产投资方向调节税、铺底流动资金。

计算回收金额。回收金额是指在整个基本建设过程中所获得的各种收入。

计算总概算价值。总概算价值=第一部分费用+第二部分费用+预备费+建设期利息+固定资产投资方向调节税+铺底流动资金−回收金额

计算技术经济指标。整个项目的技术经济指标应选择有代表性和能说明投资效果的指标填列。

投资分析。为对基本建设投资分配、构成等情况进行分析,应在总概算表中计算出各项工程和费用投资占总投资的比例,在表的末栏计算出每项费用的投资占总投资的比例。

三、设计概算的审查

(一)设计概算审查的意义

第一,有利于合理分配投资资金、加强投资计划管理。设计概算偏高或偏低,都会影响投资计划的真实性,从而影响投资资金的合理分配。进行设计概算审查是遵循客观经济规律的需要,通过审查可以提高投资的准确性与合理性。

第二,有助于概算编制人员严格执行国家有关概算的编制规定和费用标准,提高概算的编制质量。

第三,有助于促进设计的技术先进性与经济合理性的统一。概算中的技术经济指标是概算水平的综合反映,合理、准确的设计概算是技术经济协调统一的具体体现。

第四,合理、准确的设计概算可使下阶段投资控制目标更加科学合理,堵塞了投资缺口或突破投资的漏洞,缩小了概算与预算之间的差距,可提高项目投资的经济效益。

(二)审查的主要内容

1.审查设计概算的编制依据

合法性审查。采用的各种编制依据必须经过国家或授权机关的批准,符合国家的编制规定。未经过批准的不得以任何借口采用,不得以特殊理由擅自提高费用标准。

时效性审查。对定额、指标、价格、取费标准等各种依据,都应根据国家有关部门的现行规定执行。对颁发时间较长、已不能全部适用的应按有关部门作的调整系数执行。

适用范围审查。各主管部门、各地区规定的各种定额及其取费标准均有其各自的适用范围,特别是各地区的材料预算价格区域性差别较大,在审查时应予以高度重视。

2.单位工程设计概算构成的审查

(1)建筑工程概算的审查

工程量审查。根据初步设计图纸、概算定额、工程量计算规则的要求进行审查。

采用的定额或指标的审查。审查定额或指标的使用范围、定额基价、指标的调整、定额或缺项指标的补充等。其中,在审查补充的定额或指标时,其项目划分、内容组成、编制原则等须与现行定额水平一致。

材料预算价格的审查。以耗用量最大的主要材料作为审查的重点,同时着重审查材料原价、运输费用及节约材料运输费用的措施。

各项费用的审查。审查各项费用所包含的具体内容是否重复计算或遗漏、取费标准是否符合国家有关部门或地方的规定。

(2)设备及安装工程概算的审查

设备及安装工程概算审查的重点是设备清单与安装费用的计算。

标准设备原价,应根据设备所被管辖的范围,审查各级规定的统一价格标准。

非标准设备原价,除审查价格的估算依据、估算方法外还要分析研究非标准设备估价准确度的有关因素及价格变动规律。

设备运杂费审查,需要注意的是设备运杂费率应按主管部门或省、自治区、直辖市规定的标准执行;若设备价格中已包括包装费和供销部门手续费时不应重复计算,应相应降低设备运杂费率。

进口设备费用的审查,应根据设备费用各组成部分及国家设备进口、外汇管理、海关、税务等有关部门在不同时期的规定执行。

设备安装工程概算的审查,除编制方法、编制依据外,还应注意审查采用预算单价或扩大综合单价计算安装费时的各种单价是否合适、工程量计算是否符合规则要求、是否准确无误;当采用概算指标计算安装费时采用的概算指标是否合理、计算结果是否达到规定的要求;审查所需计算安装费的设备数量及种类是否符合设计要求,避免某些不需安装的设备安装费计入在内。

3.综合概算和总概算的审查

审查概算的编制是否符合国家经济建设方针和政策的要求,是否根据当地自然条件、施工条件和影响造价的各种因素,实事求是地确定项目总投资。

审查概算文件的组成:①概算文件反映的内容是否完整、工程项目确定是否满足设计要求、设计文件内的项目是否遗漏、设计文件外的项目是否列入;②建设规模、建筑结构、建筑面积、建筑标准、总投资是否符合设计文件的要求;③非生产性建设工程是否符合规定的要求、结构和材料的选择是否进行了技术经济比较、是否超标等。

审查总图设计和工艺流程:①总图设计是否符合生产和工艺要求、场区运输和仓库布置是否优化或进行方案比较、分期建设的工程项目是否统筹考虑、总图占地面积是否符合"规划指标"和节约用地要求;②工程项目是否按生产要求和工艺流程合理安排、主要车间生产工艺是否合理。

审查经济概算是设计的经济反映,除对投资进行全面审查外,还要审查建设周期、原材料来源、生产条件、产品销路、资金回收和盈利等社会效益因素。

审查项目的环保。设计项目必须满足环境改善及污染整治的要求,对未做安排或漏列的项目,应按国家规定要求列入项目内容并计入总投资。

审查其他具体项目:①审查各项技术经济指标是否经济合理;②审查建筑工程费用;③审查设备和安装工程费;④审查各项其他费用,特别注意要落实以下几项费用:土地补偿和安置补助费,按规定列明的临时工程设施费用,施工机构迁移费和大型机器进退场费。

(三)审查的方式

设计概算审查一般采用集中会审的方式进行。由会审单位分头审查,然后集中研究共同定案;或组织有关部门成立专门审查班子,根据审查人员的业务专长分组,再将概算费用进行分解,分别审查,最后集中讨论定案。设计概算审查是一项复杂而细致的技术经济工作,审查人员既要懂得有关专业技术知识,又要具有熟练编制概算的能力。一般情况下可按如下步骤进行。

1.概算审查的准备

概算审查的准备工作包括了解设计概算的内容组成、编制依据和方法;了解建设规模、设计能力和工艺流程;熟悉设计图纸和说明书;掌握概算费用的构成和有关技术经济指标;明确概算各种表格的内涵;收集概算定额、概算指标、取费标准等有关规定的文件资料。

2.进行概算审查

根据审查的主要内容,分别对设计概算的编制依据、单位工程设计概算、综合概算、总概算进行逐级审查。

3.进行技术经济对比分析

利用规定的概算定额或指标以及有关的技术经济指标与设计概算进行分析对比,根据设计和概算列明的工程性质、结构类型、建设条件、费用构成、投资比例、占地面积、生产规模、建筑面积、设备数量、造价指标、劳动定员等与国内外同类型工程规模进行对比分析,找出与同类型项目的主要差距。

4.调查研究

对概算审查中出现的问题进行对比分析,在找出差距的基础上深入现场进行实际调查研究。了解设计是否经济合理,概算编制依据是否符合现行规定和施工现场实际,有无扩大规模、多估投资或预留缺口等情况,并及时核实概算投资。在当地没有同类型的项目而不能进行对比分析时,可向国内同类型企业进行调查,搜集资料,作为审查时的参考。经过会审决定的定案问题应及时调整概算,并经原批准单位下发文件。

5.积累资料

对审查过程中发现的问题要逐一理清,对建成项目的实际成本和有关数据资料等进行搜集并整理成册,为今后审查同类工程概算和国家修订概算定额提供依据。

第三节 施工图预算的编制与审查

一、施工图预算的内容

施工图预算是要根据批准的施工图设计、预算定额和单位计价表、施工组织设计文件以及各种费用定额等有关资料进行计算和编制的单位工程预算造价的文件。施工图预算是拟建工程设计概算的具体文件,也是单项工程综合预算的基础文件。施工图预算的编制对象为单位工程,因此也称为单位工程预算。施工图预算通常分为建筑工程预算和设备安装工程预算两大类。根据单位工程和设备的性质、用途的不同,建筑工程预算可分为一般土建工程预算、卫生工程预算、工业管道工程预算、特殊构筑物工程预算和电气照明工程预算;设备安装工程预算又可分为机械设备安装工程预算和电气设备安装工程预算。

二、施工图预算的编制依据

经批准和会审的施工图设计文件及有关标准图集:编制施工图预算所用的施工图纸须经主管部门批准,须经业主、设计工程师参加图纸会审并签署

"图纸会审纪要",应有与图纸有关的各类标准图集。通过上述资料可熟悉编制对象的工程性质、内容、构造等工程情况。

施工组织设计:施工组织设计是编制施工图预算的重要依据之一,通过它可充分了解各分部分项工程的施工方法、施工进度计划、施工机械的选择、施工平面图的布置及主要技术措施等内容,与工程量计算、定额的套用密切相关。

工程预算定额:工程预算定额是编制施工图预算的基础资料,是分项工程项目划分、分项工程工作内容、工程量计算的重要依据。

经批准的设计概算文件:经批准的设计概算文件是控制工程拨款或贷款的最高限额,也是控制单位工程预算的主要依据。若工程预算确定的投资总额超过设计概算,必须补做调整设计概算,经原批准机构批准后方可实施。

单位计价表:地区单位计价表是单价法编制施工图预算最直接的基础资料。

工程费用定额:将直接费(或人工费)作为计算基数,根据地区和工程类别的不同套用相应的确定费用标准,确定工程预算造价。

材料预算价格:各地区材料预算价格是确定材料价差的依据,是编制施工图预算的必备资料。

工程承包合同或协议书:预算编制时须认真执行合同或协议书规定的有关条款,如预算包干费等。

预算工作手册:预算工作手册是编制预算必备的工具书之一,主要有各种常用数据、计算公式、金属材料的规格、单位重量等内容。

国家及各地区造价管理的政策法规等。

三、施工图预算的编制方法

(一)单价法

单价法就是用地区统一单位计价表中各项工料单价乘以相应的各分项工程的工程量,求和后得到包括人工费、材料费和机械使用费在内的单位工程直接费。据此计算出其他直接费、现场经费、间接费以及计划利润和税金,经汇总即可得到单位工程的施工图预算。

其他直接费、现场经费、间接费和利润可根据统一规定的费率乘以相应的计取基数求得,单价法编制施工图预算的直接费计算公式及编制的基本步骤如下：

$$单位工程施工图预算直接费=\sum(工程量 \times 工料单价)$$

1.准备资料,熟悉施工图纸和施工组织设计

收集准备施工图纸、施工组织设计、施工方案、现行建筑安装定额、取费标准、统一工程量计算规则和地区材料预算价格等各种资料。在此基础上对施工图纸进行详细了解,全面分析各分部分项工程,充分了解施工组织设计和施工方案,注意影响费用的关键因素。

2.计算工程量

工程量计算一般按如下步骤进行:①根据工程内容和定额项目,列出计算工程量分部分项工程;②根据一定的计算顺序和计算规则,列出计算式;③根据施工图纸上的设计尺寸及有关数据,代入计算式进行数值计算;④对计算结果的计量单位进行调整,使之与定额中相应的分部分项工程的计量单位保持一致。

3.套工料单价

核对计算结果后,按单位工程施工图预算直接费计算公式求得单位工程人工费、材料费和机械使用费之和。同时注意以下几项内容:①分项工程的名称、规格、计量单位必须与预算定额工料单价或单位计价表中所列内容完全一致,以防重套、漏套或错套工料单价而产生偏差;②进行局部换算或调整时,换算指定额中已计价的主要材料因品种不同而进行的换价,一般不调整数量;调整指施工工艺条件不同而对人工、机械的数量增减,一般调整数量不换价;③若分项工程不能直接套用定额、不能换算和调整时,应编制补充单位计价表;④定额说明允许换算与调整以外部分不得任意修改。

4.编制工料分析表

根据各分部分项工程项目实物工程量和预算额中项目所列的用工及材料数量,计算各分部分项工程所需人工及材料数量,汇总后算出该单位工程所需各类人工、材料的数量。

5.计算并汇总造价

根据规定的税率、费率和相应的计取基数,分别计算其他直接费、现场经费、间接费、利润、税金等。将上述费用累计后与直接费进行汇总,求出单位工程预算造价。

6.复核

对项目填列、工程量计算公式、计算结果、套用的单价、采用的各项取费费率、数字计算、数据精确度等进行全面复核,以便及时发现差错,及时修改,提高预算的准确性。

7.填写封面及编制说明

封面应写明工程编号、工程名称、工程量、预算总造价和单方造价、编制单位名称、负责人和编制日期以及审核单位的名称、负责人和审核日期等。编制说明主要应写明预算所包括的工程内容范围、依据的图纸编号、承包企业的等级和承包方式、有关部门现行的调价文件号、套用单价需要补充说明的问题及其他需要说明的问题等。

(二)实物法

实物法编制施工图预算是先用计算出的各分项工程的实物工程量分别套取预算定额,按类相加求出单位工程所需的各种人工、材料、施工机械台班的消耗量,再分别乘以当时当地各种人工、材料、机械台班的实际单价,求得人工费、材料费和施工机械使用费并汇总求和。实物法中单位工程预算直接费的计算公式如下:

$$单位工程预算直接费 = \sum(工程量 \times 材料预算定额用量 \times 当时当地材料预算价格) +$$

$$\sum(工程量 \times 人工预算定额用量 \times 当时当地人工工资单价) +$$

$$\sum(工程量 \times 施工机械预算定额台班用量 \times 当时当地机械台班单价)$$

对于其他直接费、现场经费、间接费、计划利润和税金等费用的计算,则根据当时当地建筑市场供求情况予以确定。实物法编制施工图预算的步骤与单价法基本相似,但在具体计算人工费、材料费和机械使用费及汇总三种费用之和方面事实上有区别。其基本步骤如下。

1.准备资料,熟悉施工图纸

全面收集各种人工、材料、机械在当时当地的实际价格,包括不同品种、不同规格的材料预算价格;不同工种、不同等级的人工工资单价;不同种类、不同型号的机械台班单价等。要求获得的各种实际价格应全面、系统、真实、可靠。具体可参考单价法相应步骤的内容。

2.计算工程量

本步骤的内容与单价法相同,不再赘述。

3.套用预算人工、材料、机械台班定额

定额消耗量中的"量"在相关规范和工艺水平等未有较大突破性变化之前具有相对的稳定性,据此确定符合国家技术规范和质量标准要求,并反映当时施工工艺水平的分项工程计价所需的人工、材料、施工机械的消耗量。

4.统计汇总单位工程所需的各类消耗量

根据预算人工定额所列各类人工工日的数量,乘以各分项工程的工程量,计算出各分项工程所需各类人工工日的数量,统计汇总后确定单位工程所需的各类人工工日消耗量。同理,根据预算材料定额、预算机械台班定额,分别确定单位工程各类材料消耗数量和各类施工机械台班数量。

5.计算并汇总人工费、材料费、机械使用费

根据当时当地工程造价管理部门定期发布的或企业根据自己实际情况自行确定的人工单价、材料价格、施工机械台班单位分别乘以人工、材料、机械消耗量,汇总后即为单位工程人工费、材料费和机械使用费。

6.计算其他各项费用,汇总造价

上述各项费用包括单位工程直接费、现场经费、计划利润、税金等。

7.复核

检查人工、材料、机械台班的消耗量计算是否准确,有无漏算、重算或多算;检查套取的定额是否正确;检查采用的实际价格是否合理。其他内容可参考单价法相应步骤的介绍。

8.填写封面及编制说明

本步骤的内容和方法与单价法相同。

实物法编制施工图预算所用人工、材料和机械台班的单价都是当时当地的实际价格,编制出的预算可较准确地反映实际水平,误差较小,适用于市场经济条件下价格波动较大的情况。由于采用该方法需要统计人工、材料、机械台班消耗量,还需搜集相应的实际价格,因此工作量较大,计算过程烦琐。但随着建筑市场的开放、价格信息系统的建立、竞争机制作用的发挥和计算机的普及,实物法将是一种与统一"量"、指导"价"、竞争"费"的工程造价管理机制

相适应,与国际建筑市场相接轨,符合发展潮流的预算编制方法。

四、施工图预算的审查

(一)审查的内容

审查的重点包括施工图预算的工程量计算是否准确、定额或单价套用是否合理、各项取费标准是否符合现行的规定等。审查的详细内容如下。

1. 审查工程量

(1)土方工程

平整场地、地槽与地坑等土方工程量的计算是否符合定额的计算规定;施工图纸标示尺寸、土壤类别是否与勘察资料一致;地槽与地坑放坡、挡土板是否符合设计要求,有无重算或漏算。

地槽、地坑回填土的体积是否扣除了基础所占的体积;地面和室内填土的厚度是否符合设计要求;运土距离、运土数量、回填土土方的扣除等。

(2)砖石工程

墙基与墙身的划分是否符合规定。不同厚度的内墙和外墙是否分别计算,是否扣除门窗洞口及埋入墙体各种钢筋混凝土梁、柱等所占用的体积。不同砂浆强度的墙和定额规定按立方米或平方米计算的墙是否有混淆、错算或漏算。

(3)混凝土及钢筋混凝土工程

现浇构件与预制构件是否分别计算,是否有混淆。

现浇柱与梁、主梁与次梁及各种构件计算是否符合规定,有无重算或漏算。

有筋和无筋的是否按设计规定分别计算,是否有混淆。

钢筋混凝土的含钢量与预算定额含钢量存在差异时,是否按规定进行增减调整。

(4)结构工程

门窗是否按不同种类、按框外面积或扇外面积计算。

木装修的工程量是否按规定分别以延长米或平方米进行计算。

(5)地面工程

楼梯抹面是否按踏步和休息平台部分的水平投影面积计算。

当细石混凝土地面找平层的设计厚度与定额厚度不同时,是否按其厚度进行换算。

(6)屋面工程

卷材屋面工程是否与屋面找平层工程量相符。

屋面找平层的工程量是否按屋面层的建筑面积乘以保温层平均厚度计算,不做保温层的挑檐部分是否按规定不作计算。

(7)构筑物工程

烟囱和水塔脚手架是否以座为单位编制,地下部分是否有重算。

(8)装饰工程

内墙抹灰的工程量是否按墙面的净高和净宽计算,有无重算和漏算。

(9)金属构件制作

各种类型钢、钢板等金属构件制作工程量是否以吨为单位,其形体尺寸计算是否正确,是否符合现行规定。

(10)水暖工程

室内外排水管道、暖气管道的划分是否符合规定。

各种管道的长度、口径是否按设计规定计算。

对室内给水管道不应扣除阀门,接头零件所占长度是否多扣;应扣除卫生设备本身所附带管道长度的是否漏扣。

室内排水采用插铸铁管时是否将异形管及检查口所占长度错误地扣除、有无漏算。

室外排水管道是否已扣除检查井与连接井所占的长度。

暖气片的数量是否与设计相一致。

(11)电气照明工程

灯具的种类、型号、数量是否与设计图一致。

线路的敷设方法、线材品种是否达到设计标准,有无重复计算预留线的工程量。

(12)设备及安装工程

设备的品种、规格、数量是否与设计相符。

需要安装的设备和不需要安装的设备是否分清,有无将不需要安装的设备作为需要安装的设备多计工程量。

2.审查定额或单价的套用

预算中所列各分项工程单价是否与预算定额的预算单价相符;其名称、规格、计量单位和所包括的工程内容是否与预算定额一致。

单价换算时应审查换算的分项工程是否符合定额规定及换算是否正确。

对补充定额和单位计价表的使用应审查补充定额是否符合编制原则,单位计价表计算是否正确。

3.审查其他有关费用

其他有关费用包括的内容有地区差异,具体审查时应注意是否符合当地规定和定额的要求。

是否按本项目的工程性质计取费用、有无高套取费标准。

间接费的计取基础是否符合规定。

预算外调整的材料差价是否计取间接费;直接费或人工费增减后,有关费用是否做了相应调整。

有无将不需安装的设备计取在安装工程的间接费中。

有无巧立名目、乱摊费用的情况。

计划利润和税金的审查,重点应放在计取基础和费率是否符合当地有关部门的现行规定、有无多算或重算。

(二)审查的步骤

1.审查前准备工作

熟悉施工图纸。施工图纸是编制与审查预算分项数量的重要依据,必须全面熟悉了解。

根据预算编制说明,了解预算包括的工程范围。如配套设施、室外管线、道路,以及图纸会审后的设计变更等。

弄清所用单位工程计价表的适用范围,搜集并熟悉相应的单价、定额资料。

2.选择审查方法、审查相应内容

工程规模、繁简程度不同,编制工程预算繁简和质量就不同,应选择适当的审查方法进行审查。

3.整理审查资料并调整定案

综合整理审查资料,同编制单位交换意见,定案后编制调整预算。经审查如发现差错,应与编制单位协商,统一意见后进行相应增加或核减的修正。

(三)审查的方法

1.逐项审查法

逐项审查法又称全面审查法,即按定额顺序或施工顺序,对各分项工程中的工程项目逐项、全面、详细审查的一种方法。其优点是全面、细致,审查质量高、效果好。其缺点是工作量大,时间较长。这种方法适用于一些工程量较小、工艺比较简单的工程。

2.标准预算审查法

标准预算审查法就是对利用标准图纸或通用图纸施工的工程,先集中力量编制标准预算,以此为准来审查工程预算的一种方法。按标准设计图纸或通用图纸施工的工程,一般上部结构和做法相同,只是根据现场施工条件或地质情况不同,仅对基础部分作局部改变。凡这样的工程,以标准预算为准,对局部修改部分单独审查即可,不需逐一详细审查。该方法的优点是时间短、效果好、易定案。其缺点是适用范围小,仅适用于采用标准图纸的工程。

3.分组计算审查法

分组计算审查法就是将预算中有关项目按类别划分若干组,利用同组中的一组数据审查分项工程量的一种方法。这种方法首先将若干分部分项工程按相邻且有一定内在联系的项目进行编组,利用同组分项工程间具有相同或相近计算基数的关系,审查一个分项工程数量,由此判断同组中其他几个分项工程的准确程序。例如:一般的建筑工程中将底层建筑面积、地面面层、地面垫层、楼面面层、楼面找平层、楼板体积、天棚抹灰、天棚刷浆及屋面层可编为一组。先计算底层建筑面积或楼(地)面面积,从而得知楼面找平层、天棚抹灰、刷白的面积。该面积与垫层厚度乘积即为垫层的工程量,与楼板折算厚度乘积即为楼板的工程量,以此类推。该方法的特点是审查速度快、工作量小。

4.对比审查法

对比审查法是当工程条件相同时,用已完工程的预算或未完但已经过审查修正的工程预算对比审查在建工程的同类工程预算的一种方法。采用该方法一般须符合下列条件。

拟建工程与已完成工程采用同一施工图,但基础部分和现场施工条件不同,则相同部分可采用对比审查法。

工程设计相同,但建筑面积不同,两个工程的建筑面积之比与两个工程各分部分项工程量之比大体一致。此时可按分项工程量的比例,审查拟建工程各分部分项工程的工程量,或用两个工程每平方米建筑面积造价、每平方米建筑面积的各分部分项工程量对比进行审查。

两个工程面积相同,但设计图纸不完全相同,则对相同的部分,如厂房中的柱子、屋架、屋面、砖墙等,可进行工程量的对照审查。对不能对比的分部分项工程可按图纸计算。

5.筛选法

筛选法是能较快发现问题的一种方法。建筑工程虽面积和高度不同,但其各分部分项工程的单位建筑面积指标变化却不大。将这样的分部分项工程加以汇集、优选,找出其单位建筑面积工程量、单价、用工的基本数值,归纳为工程量、价格、用工三个单方基本指标,并注明基本指标的适用范围。这些基本指标用来筛选各分部分项工程,对不符合条件的进行详细审查,若审查对象的预算标准与基本指标的标准不符,就应对其进行调整。筛选法的优点是简单易懂,便于掌握,审查速度快,便于发现问题,但问题出现的原因尚需继续审查。该方法适用于审查住宅工程或不具备全面审查条件的工程。

6.重点审查法

重点审查法就是抓住工程预算中的重点进行审核的方法。审查的重点一般是工程量较大或者造价较高的各种工程、补充定额以及各项费用(计取基础、取费标准)等。重点审查法的优点是重点突出、审查时间短、效果好。

第四节　案例分析

一、案例

某开发公司造价工程师针对设计院提出的某商品住宅项目的A、B、C三个设计方案进行了技术经济分析和专家调查,得到表3-3所示数据。

表3-3　方案功能数据

方案功能	方案功能得分			方案功能重要系数
	A	B	C	
平面布局	9	8	10	0.25
采光通风	8	9	10	0.15
建筑保温	9	9	8	0.15
坚固耐用	7	8	9	0.20
建筑造型	10	9	9	0.10
室外装修	9	8	9	0.10
环境设计	8	7	9	0.05
单方造价(元/m²)	1 345	1 128	1 230	

二、问题

1.在表3-4中计算各方案成本系数、功能系数和价值系数,计算结果保留小数点后4位(其中功能系数要求列出计算式),并确定最优方案。

表3-4　价值系数计算表

方案名称	单方造价	成本系数	功能系数	价值系数	最优方案
A					
B					
C					
合计					

2.简述价值工程的工作步骤和阶段划分。

三、分析

本案例主要考察价值工程的工作程序以及利用价值工程方法进行方案评价。

问题1:对方案进行评价的方法很多,其中在利用价值工程的原理对方案进行综合评价的方法中,常用的是加权评分法。加权评分法是一种用权数大小来表示评价值的重要程度,用满足程度评分表示方案某项指标水平的高低,以方案的综合评分作为择优根据的方法。它的主要特点是同时考虑功能与成本两方面的因素,以价值系数大者为最优。

问题2:价值工程的工作程序是根据价值工程的理论体系和方法特点系统展开的,应按照《价值工程 第1部分:基本术语》(GB/T 8223.1—2009)相关规定进行。

四、答案

问题1:

1. 计算方案的成本系数

$$方案A成本系数 = \frac{1\,345}{1\,345 + 1\,128 + 1\,230} = 0.363\,2$$

$$方案B成本系数 = \frac{1\,128}{1\,345 + 1\,128 + 1\,230} = 0.304\,6$$

$$方案C成本系数 = \frac{1\,230}{1\,345 + 1\,128 + 1\,230} = 0.332\,2$$

2. 计算方案的功能系数

方案A评定总分 = 9×0.25+8×0.15+9×0.15+7×0.2+10×0.1+9×0.1+8×0.05=8.5

方案B评定总分 = 8×0.25+9×0.15+9×0.15+8×0.2+9×0.1+8×0.1+7×0.05=8.35

方案C评定总分 = 10×0.25+10×0.15+8×0.15+9×0.2+9×0.1+9×0.1+9×0.05=9.25

$$方案A功能系数评价 = \frac{8.5}{8.5 + 8.35 + 9.25} = 0.325\,7$$

$$方案B功能系数评价 = \frac{8.35}{8.5 + 8.35 + 9.25} = 0.319\,9$$

$$方案C功能系数评价 = \frac{9.25}{8.5 + 8.35 + 9.25} = 0.354\,4$$

3. 计算各方案的价值系数

计算结果见表3-5。

表3-5 价值系数计算结果

方案名称	单方造价	成本系数	功能系数	价值系数	最优方案
A	1 345	0.363 2	0.325 7	0.896 7	
B	1 128	0.304 6	0.319 9	1.050 2	
C	1 230	0.332 2	0.354 4	1.066 8	√
合计	3 703	1	1		

问题2：

表3-6 价值工程的一般工作程序

阶段	步骤	说明
准备阶段	1.对象选择	应明确目标、限制条件和分析范围
	2.组成价值工程领导小组	一般由项目负责人、专业技术人员、熟悉价值工程的人员组成
	3.制订工作计划	包括具体执行人、执行日期、工作目标等
分析阶段	4.收集整理信息资料	此项工作应贯穿于价值工程的全过程
	5.功能系统分析	明确功能特性要求，并绘制功能系统图
	6.功能评价	确定功能目标成本，确定功能改进区域
创新阶段	7.方案创新	提出各种不同的实现功能的方案
	8.方案评价	从技术、经济和社会等方面综合评价各种方案达到预定目标的可行性
	9.提案编写	将选出的方案及资料编写成册
实施阶段	10.审批	由主管部门组织进行
	11.实施与检查	制定实施计划，组织实施，并跟踪检查
	12.成果鉴定	对实施后取得的技术经济效果进行成果鉴定

第四章 建设项目招投标阶段造价及案例分析

第一节 建设项目招标与控制价的编制

一、建设项目招标应具备的条件

按照《工程建设项目施工招标投标办法》的规定,依法必须招标的工程建设项目,应当具备下列条件:①招标人已经依法成立。②初步设计及概算应当履行审批手续的,已经批准。③招标范围、招标方式和招标组织形式等应当履行核准手续的,已经核准。④有相应资金或资金来源已经落实。⑤有招标所需的设计图及技术资料。

二、建设项目招标文件的内容

招标人应当根据施工招标项目的特点和需要,自行或者委托工程招标代理机构编制招标文件。招标文件一般包括下列内容:①投标邀请书。②投标人须知,包括工程概况,招标范围;资格审查条件;工程资金来源或者落实情况(包括银行出具的资金证明);标段划分;工期要求;质量标准;现场踏勘和答疑安排。③投标文件编制、提交、修改、撤回的要求;投标报价要求;投标有效期;开标的时间和地点;评标方法和标准等。④合同主要条款。⑤投标文件格式。⑥采用工程量清单招标的,应当提供工程量清单。⑦技术条款。⑧设计图。⑨评标标准和方法。⑩投标辅助材料。⑪招标人应当在招标文件中规定实质性要求和条件,并用醒目的方式标明。

三、建设项目招标文件编制中应注意的问题

招标人应当依照相关法律法规,并根据工程招标项目的特点和需要编制招标文件。在编制过程中,针对工程项目控制目标的要求,应抓住重点,根据不同需求合理确定对投标人资格审查的标准、投标报价要求、评标标准和方

法、标段(或标包)划分、工期(或交货期)和拟签订合同的主要条款等实质性内容,并且注意做到符合法规要求,内容完整无遗漏,文字严密、表达准确。不管招标项目有多么复杂,在编制招标文件中都应当做好以下工作。

依法编制招标文件,满足招标人的使用要求。招标文件的编制应当遵照《中华人民共和国招标投标法》等国家相关法律法规的规定,文件的各项技术标准应符合国家强制性标准,满足招标人的使用要求。

选择适宜的招标方式。

合理划分标段或标包。

明确规定具体而详细的使用与技术要求。招标人应当根据招标工程项目的特点和需要编制招标文件,招标文件应载明招标项目中每个标段或标包的各项使用要求、技术标准、技术参数等各项技术要求。

规定的实质性要求和条件用醒目的方式标明。按照《工程建设项目施工招标投标办法》和《工程建设项目货物招标投标办法》的规定,招标人应当在招标文件中规定实质性要求和条件,说明不满足其中任何一项实质性要求和条件的投标将被拒绝,并用醒目的方式标明。

规定的评标标准和评标方法不得改变,并且应当公开规定评标时除价格以外的所有评标因素。按照《工程建设项目施工招标投标办法》和《工程建设项目货物招标投标办法》的规定,招标文件应当明确规定评标时除价格以外的所有评标因素,以及如何将这些因素量化或者进行评估。在评标过程中,不得改变招标文件中规定的评标标准、评标方法和中标条件。评标标准和评标方法不仅要作为实质性条款列入招标文件,还要强调在评标过程中不得改变。

明确投标人是否可以提交投标备选方案及对备选投标方案的处理办法。按照有关规定,招标人可以要求投标人在提交符合招标文件规定要求的投标文件外,提交备选投标方案,但应当在招标文件中作出说明,并提出相应的评审和比较办法,不符合中标条件的投标人的备选投标方案不予考虑。符合招标文件要求且评标价最低或综合评分最高而被推荐为中标候选人的投标人,其提交的备选投标方案方可予以考虑。

规定投标人编制投标文件所需的合理时间,载明招标文件最短发售期。按照《工程建设项目勘察设计招标投标办法》和《工程建设项目施工招标投标办法》的规定,招标文件应明确"自招标文件开始发出之日起至停止发出之日止,最短不得少于5日"。

招标文件需要载明踏勘现场的时间与地点。按照《工程建设项目施工招标投标办法》的规定,招标人根据招标项目的具体情况,可以组织潜在投标人踏勘项目现场,但不得单独或者分别组织任何一个投标人进行现场踏勘。在招标文件内容中须载明踏勘现场的时间和地点。

充分利用和发挥招标文件示范文本的作用。为了规范招标文件的编制工作,在编制招标文件的过程中,应当按规定执行(或参照执行)招标文件示范文本,保证和提高招标文件的质量。

四、建设项目招标控制价的编制

(一)招标控制价的概念

1.招标控制价的概念

招标控制价是指根据国家或省级建设行政主管部门颁发的有关计价依据和办法,依据拟订的招标文件和招标工程量清单,结合工程具体情况发布的招标工程的最高投标限价。《中华人民共和国招标投标法实施条例》规定,招标人可以自行决定是否编制标底;一个招标项目只能有一个标底,标底必须保密。该条例同时规定,招标人设有最高投标限价的,应当在招标文件中明确最高投标限价或者最高投标限价的计算方法,招标人不得规定最低投标限价。

2.招标控制价与标底的关系

招标控制价是推行工程量清单计价过程中对传统标底概念的性质进行界定后所设置的专业术语,它使招标时评标定价的管理方式发生了很大的变化。设标底招标、无标底招标以及招标控制价招标的利弊分析如下。

(1)设标底招标

设标底时易发生泄露标底及暗箱操作的现象,失去招标的公平公正性,容易诱发违法违规行为。

编制的标底价是预期价格,因难以充分考虑施工方案、技术措施对造价的影响,容易与市场造价水平脱节,不利于引导投标人进行理性竞争。

标底在评标过程的特殊地位使标底价成为左右工程造价的杠杆,不合理的标底会使合理的投标报价在评标中显得不合理,有可能成为地方或行业保护的手段。

将标底作为衡量投标人报价的基准,导致投标人尽力地去迎合标底,往往在招标投标过程反映的不是投标人实力的竞争,而是投标人编制预算文件能力的竞争,或者各种合法或非法的"投标策略"竞争。

(2)无标底招标

容易出现围标、串标现象,各投标人哄抬价格,给招标人带来投资失控的风险。

容易出现低价中标后偷工减料,以牺牲工程质量来降低工程成本,或产生先低价中标,后高额索赔等不良后果。

评标时,招标人对投标人的报价没有参考依据和评判基准。

(3)招标控制价招标

采用招标控制价招标的优点:可有效控制投资,防止恶性哄抬报价带来的投资风险;提高了透明度,避免了暗箱操作、寻租等违法活动的产生;可使各投标人自主报价、公平竞争,符合市场规律。投标人自主报价,不受标底的左右;既设置了控制上限,又尽量减少了业主对评标基准价的依赖。

采用招标控制价招标的缺点:若最高限价远远高于市场平均价时,就预示中标后利润很丰厚,只要投标不超过公布的限额都是有效投标,从而可能诱导投标人串标、围标;若公布的最高限价远远低于市场平均价,就会影响招标效率,即可能出现只有1~2人投标或出现无人投标情况,因为按此限额投标将无利可图,超出此限额投标又成为无效投标,结果导致招标人不得不修改招标控制价,并进行二次招标。

(二)招标控制价的编制依据

1.招标控制价的编制

招标控制价的编制依据是指在编制招标控制价时需要进行工程量计量、价格确认、工程计价的有关参数的确定等工作时所需的基础性资料,主要包括以下内容。

现行国家标准《建设工程工程量清单计价规范》(GB 50500—2013)与专业工程计量规范。

国家或省级、行业建设主管部门颁发的计价定额和计价办法。

建设工程设计文件及相关资料。

拟定的招标文件及招标工程量清单。

与建设项目相关的标准、规范、技术资料。

施工现场情况、工程特点及常规施工方案。

工程造价管理机构发布的工程造价信息。若工程造价信息没有发布,参照市场价。

其他相关资料。

2.编制招标控制价的规定

国有资金投资的建设工程项目应实行工程量清单招标,招标人应编制招标控制价,并应当拒绝高于招标控制价的投标报价,即投标人的投标报价若超过公布的招标控制价,则其投标作为废标处理。

招标控制价应由具有编制能力的招标人或受其委托、具有相应资质的工程造价咨询方编制。工程造价咨询方不得同时接受招标人和投标人对同一工程的招标控制价和投标报价的编制。

招标控制价应在招标文件中公布,对所编制的招标控制价不得进行上浮或下调。在公布招标控制价时,应公布招标控制价各组成部分的详细内容,不得只公布招标控制价总价。

招标控制价超过批准的概算时,招标人应将其报原概算审批部门审核。这是由于我国对国有资金投资项目的投资控制实行的是设计概算审批制度,国有资金投资的工程原则上不能超过批准的设计概算。

投标人经复核认为招标人公布的招标控制价未按照《建设工程工程量清单计价规范》的规定进行编制的,应在开标前5日向招标投标监督机构或(和)工程造价管理机构投诉。招标投标监督机构应会同工程造价管理机构对投诉进行处理,当招标控制价误差超过±3%时,应责成招标人改正。

招标人应将招标控制价及有关资料报送工程所在地工程造价管理机构备查。

(三)招标控制价的编制内容

招标控制价的编制内容包括分部分项工程费、措施项目费、其他项目费、规费和税金,各个部分有不同的计价要求。

1.分部分项工程费的编制要求

分部分项工程费应根据招标文件中的分部分项工程量清单及有关要求,按照《建设工程工程量清单计价规范》(GB 50500—2013)的有关规定确定综合单价计价。

工程量依据招标文件中提供的分部分项工程量清单确定。

招标文件提供了暂估单价的材料,应按暂估的单价计入综合单价。

为使招标控制价与投标报价所包含的内容一致,综合单价中应包括招标文件中要求投标人所承担的风险内容及其范围(幅度)产生的风险费用。

2.措施项目费的编制要求

措施项目费中的安全文明施工费应当按照国家或省级、行业建设主管部门的规定标准计价,该部分不得作为竞争性费用。

措施项目应按招标文件中提供的措施项目清单确定。措施项目分为以量计算和以项计算两种。对于可精确计量的措施项目,应以量计算,即按其工程量用与分部分项工程工程量清单单价相同的方式确定综合单价;对于不可精确计量的措施项目,则以项为单位,采用费率法按有关规定综合取定,采用费率法时需确定某项费用的计费基数及其费率,结果应是包括除规费、税金以外的全部费用,其计算公式为:

以项计算的措施项目清单费=措施项目计费基数×费率

3.其他项目费的编制要求

暂列金额。暂列金额可根据工程的复杂程度、设计深度、工程环境条件(包括地质、水文、气候条件等)进行估算,一般可以将分部分项工程费的10%~15%作为参考。

暂估价。暂估价中的材料单价应按照工程造价管理机构发布的工程造价信息中的材料单价计算,工程造价信息未发布的材料单价,其单价参考市场价格估算;暂估价中的专业工程暂估价应分不同专业,按有关计价规定估算。

计日工。在编制招标控制价时,对计日工中的人工单价和施工机械台班单价应按省级、行业建设主管部门或其授权的工程造价管理机构公布的单价计算;材料应按工程造价管理机构发布的工程造价信息中的材料单价计算,工程造价信息未发布单价的材料,其价格应按市场调查确定的单价计算。

总承包服务费。总承包服务费应按照省级或行业建设主管部门的标准计算,在计算时可参考标准有:①招标人仅要求对分包的专业工程进行总承包管理和协调时,按分包的专业工程估算造价的1.5%计算。②招标人要求对分包的专业工程进行总承包管理和协调,同时要求提供配合服务时,根据招标文件中列出的配合服务内容和提出的要求,按分包的专业工程估算造价的3%~5%计算。③招标人自行供应材料的,按招标人供应材料价值的1%计算。

4.规费和税金的编制要求

规费和税金必须按国家或省级、行业建设主管部门的规定计算,税金的计算公式为:

税金=(分部分项工程量清单费+措施项目清单费+其他项目清单费+规费)×综合税率

(四)招标控制价的计价与组价

1.招标控制价计价程序

建设工程的招标控制价反映的是单位工程费用,各单位工程费用是由分部分项工程费、措施项目费、其他项目费、规费和税金组成。单位工程招标控制价计价程序见表4-1。

表4-1 单位工程招标控制价计价程序(施工企业投标报价计价程序)

工程名称: 标段: 第 页,共 页

序号	汇总内容	计算方法	金额/元
1	分部分项工程	按计价规定计算/(自主报价)	
1.1			
1.2			
2	措施项目	按计价规定计算/(自主报价)	
2.1	其中:安全文明施工费	按规定标准估算/(按规定标准计算)	
3	其他项目		
3.1	其中:暂列金额	按计价规定估算/(按招标文件提供金额计列)	
3.2	其中:专业工程暂估价	按计价规定估算/(按招标文件提供金额计列)	
3.3	其中:计日工	按计价规定估算/(自主报价)	
3.4	其中:总承包服务费	按计价规定估算/(自主报价)	
4	规费	按规定标准计算	
5	税金(扣除不列入计税范围的工程设备金额)	(1+2+3+4)×规定税率	
招标控制价/(投标报价)合计=1+2+3+4+5			

本表适用于单位工程招标控制价计算或投标报价计算,若无单位工程划分,单项工程也使用本表。

由于投标人(施工企业)投标报价计价程序与招标人(建设单位)招标控制价计价程序使用相同的表格,为便于对比分析,此处将两种表格合并列出,其中表格栏目中斜线后带括号的内容用于投标报价,其余为通用栏目。

2. 综合单价的组价

招标控制价的分部分项工程费应由各单位工程的招标工程量清单工程量乘以其相应综合单价汇总而成。综合单价的组价,首先,依据提供的工程量清单和施工图,按照工程所在地区颁发的计价定额的规定,确定所组价的定额项目名称,并计算出相应的工程量;其次,依据工程造价政策规定或工程造价信息确定其人工、材料、机械台班单价;再次,在考虑风险因素确定管理费率和利润率的基础上,按规定程序计算出所组价定额项目的合价;最后,将若干项所组价的定额项目合价相加除以工程量清单项目工程量,便得到工程量清单项目综合单价。对于未计价材料费(包括暂估单价的材料费)应计入综合单价。

3. 确定综合单价

在确定综合单价时,应考虑一定范围内的风险因素。在招标文件中应通过预留一定的风险费用,或明确说明风险所包括的范围及超出该范围的价格调整方法。对于招标文件中未作要求的可按以下原则确定。

对于技术难度较大和管理复杂的项目,可考虑一定的风险费用,并纳入综合单价中。

对于工程设备、材料价格的市场风险,应依据招标文件的规定,工程所在地或行业工程造价管理机构的有关规定,以及市场价格趋势考虑一定率值的风险费用,纳入综合单价。

税金、规费等法律法规、规章和政策变化的风险和人工单价等风险费用不应纳入综合单价。

招标工程发布的分部分项工程量清单对应的综合单价,应按照招标人发布的分部分项工程量清单的项目名称、工程量、项目特征描述,依据工程所在地区颁发的计价定额和人工、材料、机械台班价格信息等进行组价确定,并应编制工程量清单综合单价分析表。

（五）编制招标控制价时应注意的问题

采用的材料价格应是工程造价管理机构通过工程造价信息发布的材料价格，对于工程造价信息未发布材料单价的材料，其材料价格应通过市场调查确定。另外，当未采用工程造价管理机构发布的工程造价信息时，需在招标文件或答疑补充文件中对招标控制价采用的与造价信息不一致的市场价格予以说明，采用的市场价格则应通过调查、分析确定，有可靠的信息来源。

施工机械设备的选型直接关系到综合单价水平，应根据工程项目特点和施工条件，本着经济实用、先进高效的原则确定。

应正确、全面地使用行业和地方的计价定额与相关文件。

不可竞争的措施项目和规费、税金等费用的计算均属于强制性的条款，编制招标控制价时应按国家有关规定计算。

不同工程项目，不同施工单位会有不同的施工组织方法，所发生的措施费也会有所不同。因此，对于竞争性的措施费用，招标人应首先编制常规的施工组织设计或施工方案，然后经专家论证确认后再合理地确定措施项目及其费用。

第二节　建设项目投标与报价的编制

一、建设项目投标单位应具备的基本条件

投标人应当具备与投标项目相适应的技术力量、机械设备、人员、资金等方面的能力，具有承担该招标项目的能力。

具有招标条件要求的资质等级，并且是有独立法人的单位。

承担过类似项目的相关工作，并有良好的工作业绩与履约记录。

企业财产状况良好，没有处于财产被接管、破产或其他关、停、并、转状态。

在最近三年没有骗取合同及其他经济方面的严重违法行为。

近几年有较好的安全记录，投标当年没有发生重大质量事故和特大安全事故。

二、建设项目投标单位应满足的基本要求

施工投标人是响应招标、参加投标竞争的法人或者其他组织。投标人除

应具备承担招标项目的施工能力外,其投标本身还应满足下列基本要求。

投标人应当按照招标文件的要求编制投标文件,投标文件应当对招标文件提出的要求和条件作出实质性响应。

投标人应当在招标文件要求提交投标文件的截止时间前,将投标文件送达投标地点。

投标人在招标文件要求提交投标文件的截止时间前,可以补充、修改或者撤回已提交的投标文件,并书面通知招标人。其补充、修改的内容为投标文件的组成部分。

投标人根据招标文件载明的项目实际情况,拟在中标后将中标项目的部分非主体、非关键性工作进行分包的,应当在投标文件中载明。

两个以上法人或者其他组织可以组成一个联合体,以一个投标人的身份共同投标。联合体各方均应当具备承担招标项目的相应能力;国家有关规定或者招标文件对投标人资格条件有规定的,联合体各方均应当具备规定的相应资格条件。

由同一专业的单位组成的联合体,按照资质等级较低的单位确定资质等级。联合体各方应当签订共同投标协议,明确约定各方拟承担的工作和相应的责任,并将共同投标协议连同投标文件一并提交招标人。联合体中标的联合体各方应当共同与招标人签订合同,就中标项目向招标人承担连带责任,但是共同投标协议另有约定的除外。

招标人不得强制投标人组成联合体共同投标,不得限制投标人之间的竞争。

投标人不得相互串通投标报价,不得排挤其他投标人的公平竞争,损害招标人或者他人的合法权益。

投标人不得以低于合理成本的报价竞标,也不得以他人名义投标或者以其他方式弄虚作假,骗取中标。

三、建设项目投标报价的编制

(一)投标报价的概念

投标报价是在工程招标发包过程中,由投标人按照招标文件的要求,根据工程特点,并结合自身的施工技术、装备和管理水平,依据有关计价规定自主确定的工程造价,是投标人希望达成工程承包交易的期望价格。它不能高于招标人设定的招标控制价。作为投标计算的必要条件,应预先确定施工方案和施工进度,此外,投标计算还必须与采用的合同形式相协调。

(二)投标报价的编制依据

《建设工程工程量清单计价规范》(GB 50500—2013)。

国家或省级、行业建设主管部门颁发的计价办法。

企业定额,国家或省级、行业建设主管部门颁发的计价定额和计价办法。

招标文件、招标工程量清单及其补充通知、答疑纪要。

建设工程设计文件及相关资料。

施工现场情况、工程特点及投标时拟定的施工组织设计或施工方案。

与建设项目相关的标准、规范等技术资料。

市场价格信息或工程造价管理机构发布的工程造价信息。

(三)投标报价的编制原则

报价是投标的关键性工作,报价是否合理不仅直接关系到投标的成败,还关系到中标后企业的盈亏。投标报价的编制原则如下。

投标报价由投标人自主确定,但必须执行《建设工程工程量清单计价规范》的强制性规定。投标报价应由投标人或受其委托,具有相应资质的工程造价咨询人员编制。

投标人的投标报价不得低于成本。《评标委员会和评标方法暂行规定》第二十一条规定,在评标过程中,评标委员会发现投标人的报价明显低于其他投标报价或者在设有标底时明显低于标底,使得其投标报价可能低于其个别成本的,应当要求该投标人做出书面说明并提供相关证明材料。投标人不能合理说明或者不能提供相关证明材料的,由评标委员会认定该投标人以低于成本报价竞标,其投标应作为废标处理。根据上述法律、规章的规定,特别要求投标人的投标报价不得低于成本。

投标报价要以招标文件中设定的发承包双方责任划分,作为考虑投标报价费用项目和费用计算的基础,发承包双方的责任划分不同,会导致合同风险不同的分摊,从而导致投标人选择不同的报价;根据工程发承包模式考虑投标报价的费用内容和计算深度。

以施工方案、技术措施等作为投标报价计算的基本条件;以反映企业技术和管理水平的企业定额作为计算人工、材料和机械台班消耗量的基本依据;充分利用现场考察、调研成果、市场价格信息和行情资料,编制基础标价。

报价计算方法要科学严谨,简明适用。

(四)投标报价的编制方法

1. 以定额计价模式投标报价

一般是采用预算定额来编制,即按照定额规定的分部分项工程子目逐项计算工程量,套用定额基价或根据市场价格确定直接费,再按规定的费用定额计取各项费用,最后汇总形成标价。这种方法在我国大多数省市现行的报价编制中比较常用。

2. 以工程量清单计价模式投标报价

这是与市场经济相适应的投标报价方法,也是国际通用的竞争性招标方式所要求的。这种方法一般是由标底编制单位根据业主委托,按相关的计算规则计算出拟建招标工程全部项目和内容的工程量,列在清单上作为招标文件的组成部分,供投标人逐项填报单价,计算出总价,作为投标报价,然后通过评标竞争,最终确定合同价。工程量清单报价由招标人给出工程量清单,投标者填报单价,单价应完全依据企业技术、管理水平等企业实力而定,以满足市场竞争的需要。

采取工程量清单综合单价计算投标报价时,投标人填入工程量清单中的单价是综合单价,应包括人工费、材料费、机械费、其他直接费、间接费、利润、税金以及材料差价及风险金等全部费用,将工程量与该单价相乘得出合价,将全部合价汇总后即得出投标总报价。分部分项工程费、措施项目费和其他项目费用均采用综合单价计价。工程量清单计价的投标报价由分部分项工程费、措施项目费和其他项目费用构成。

分部分项工程费是指完成分部分项工程量清单项目所需的费用。投标人负责填写分部分项工程量清单中的金额一项。金额按照综合单价填报。分部分项工程量清单中的合价等于工程数量和综合单价的乘积。

措施项目费是指除分部分项工程费以外,为完成该工程项目施工必须采取的措施所需的费用。投标人负责填写措施项目清单中的金额。措施项目清单中的措施项目包括通用项目、建筑工程项目、措施项目、安装工程措施项目和市政工程措施项目四类。措施项目清单中费用金额是一个综合单价,包括人工费、材料费、机械费、管理费、利润、风险费等项目。

其他项目费指的是除分部分项工程和措施项目费用以外,该工程项目施工中可能发生的其他费用。其他项目清单包括的项目分为招标人部分和投标人部分,规费和税金。

3.我国工程造价改革的总体目标

我国工程造价改革的总体目标是形成以市场形成价格为主的价格体系,但目前尚处于多种计价模式并存的过渡时期,我国工程投标报价的几种基本模式见表4-2。

表4-2　我国工程投标报价的几种基本模式

定额计价的报价模式		工程量清单报价模式		
单位估价法	实物量法	直接费单价法	全费用单价法	综合单价
①计算工程量;②套用定额单价;③计算直接费;④计算取费;⑤得到投标报价书	①计算工程量;②套用定额单价;③套用市场价格;④计算直接费;⑤计算取费;⑥得到投标报价书	①计算各分项工程资源消耗量;②套用市场价格;③计算直接费;④按实计算其他费用;⑤得到投标报价书	①计算各分项工程资源消耗量;②套用市场价格;③计算直接费;④按实计算其他费用;⑤分摊管理费和利润;⑥得到分项综合单价;⑦计算其他费;⑧得到投标报价书	①计算各分项工程资源消耗量;②套用市场价格;③计算直接费;④按实计算其他费用;⑤分摊费用;⑥得到投标报价书

四、建设项目投标报价的程序

不论采用何种投标报价模式,一般计算过程如下。

若复核或计算工程量工程招标文件中提供有工程量清单,投标价格计算之前,要对工程量进行校核。若招标文件中没有提供工程量清单,则必须根据图样计算全部工程量。若招标文件对工程量的计算方法有规定,应按照规定的方法进行计算。

确定单价,计算合价在投标报价中,复核或计算各个分部分项工程的实物工程量以后,就需要确定每一个分部分项工程的单价,并按照招标文件中工程量表的格式填写报价,一般是按照分部分项工程量内容和项目名称填写单价与合价。

计算单价时,应将构成分部分项工程的所有费用项目都归入其中。人工、材料、机械费用应是根据分部分项工程的人工、材料、机械消耗量及其相应的市场价格计算而得。一般来说,承包企业应建立自己的标准价格数据库,并据此计算工程的投标价格。在应用单价数据库针对某一具体工程进行投标报价时,需要对选用的单价进行审核评价与调整,使之符合拟投标工程的实际情况,反映市场价格的变化。

在投标价格编制的各个阶段,投标价格一般以表格的形式进行计算。

确定分包工程费:来自分包人的工程分包费用是投标价格的一项重要组成部分,有时总承包人投标价格中的相当部分来自分包工程费。因此,在编制投标价格时需要用一个合适的价格来衡量分包人的价格,需要熟悉分包工程的范围,对分包人的能力进行评估。

确定利润:利润指的是承包人的预期利润,确定利润取值的目标是既要获得最大的可能利润,又要保证投标价格具有一定的竞争性。投标报价时承包人应根据市场竞争情况确定在该工程上的利润率。

确定风险费:风险费对承包方来说是一个未知数,如果预计的风险没有全部发生,则可能预计的风险费有剩余,这部分剩余和计划利润加在一起就是盈余;如果风险费估计不足,则由盈利来补贴。在投标时应根据该工程规模及工程所在地的实际情况,由有经验的专业人员对可能的风险因素进行逐项分析后确定一个比较合理的费用比率。

确定投标价格:如前所述,将所有的分部分项工程的合价汇总后就可以得到工程的总价,但是这样计算的工程总价还不能作为投标价格,因为计算出来的价格可能重复,也可能漏算,也有可能出现某些费用预估的偏差等,因此必须对计算出来的工程总价进行某些必要的调整。调整投标价格应当建立在对工程盈亏分析的基础上,盈亏预测应用多种方法从多角度进行,找出计算中的问题以及分析可以通过采取哪些措施降低成本,增加盈利,确定最后的投标报价。

五、建设项目投标报价决策、策略和技巧

(一)建设工程项目投标报价的决策

投标报价决策指投标决策人召集算标人、高级顾问人员共同研究,就上述标价计算结果和标价的静态、动态风险分析进行讨论,做出调整计算标价的最后决定。

一般说来,报价决策并不仅限于具体计算,而是应当由决策人、高级顾问

与算标人员一起,对各种影响报价的因素进行恰当的分析,除了对算标时提出的各种方案、基价、费用摊入系数等予以审定和进行必要的修正外,更重要的是要综合考虑期望的利润和承担风险的能力。低报价是中标的重要因素,但不是唯一因素。

(二)建设项目投标报价的策略

投标报价策略指承包商在投标竞争中的系统工作部署及其参与投标竞争的方式和手段。

投标人的决策活动贯穿于投标的全过程,是工程竞标的关键因素。投标的实质是竞争,竞争的焦点是技术、质量、价格、管理、经验和信誉等综合实力。因此必须随时掌握竞争对手的情况和招标业主的意图,及时制定正确的策略,争取主动。投标策略主要有投标目标策略、技术方案策略、投标方式策略、经济效益策略、常规价格策略、保本微利策略、高价策略等。

1. 投标目标策略

投标目标策略指导投标人应重点对哪些招标项目去投标。

2. 技术方案策略

技术方案和配套设备的档次(品牌、性能和质量)的高低决定了整个工程项目的基础价格,投标前应根据业主投资的大小和意图进行技术方案决策,并指导报价。

3. 投标方式策略

投标方式策略指导投标人是否联合合作伙伴投标。中小型企业依靠大型企业的技术、产品和声誉的支持进行联合投标是提高其竞争力的良策。

4. 经济效益策略

经济效益策略直接指导投标报价。制定报价策略必须考虑投标者的数量、主要竞争对手的优势、竞争实力的强弱和支付条件等因素,根据不同情况可计算出高、中、低三套报价方案。

5. 常规价格策略

常规价格即中等水平的价格,根据系统设计方案,核定施工工作量,确定工程成本,经过风险分析,确定应得的预期利润后进行汇总。然后再结合竞争对手的情况及招标方的心理底价对不合理的费用和设备配套方案进行适当调整,确定最终投标价。

6.保本微利策略

如果夺标目的是在该地区打开局面、树立信誉、占领市场和建立样板工程,则可采取微利保本策略。甚至不排除承担风险,宁愿先亏后盈。此策略适用于以下情况:①投标对手多、竞争激烈、支付条件好、项目风险小。②技术难度小、工作量大、配套数量多、都乐意承揽的项目。③为开拓市场,急于寻找客户或解决企业目前的生产困境。

7.高价策略

此策略适用于以下情况:①专业技术要求高、技术密集型的项目。②支付条件不理想、风险大的项目。③竞争对手少,各方面自己都占绝对优势的项目。④交工期甚短,设备和劳力超常规的项目。⑤具有特殊约定(如要求保密等)、特殊条件的项目。

(三)建设项目投标报价的技巧

报价技巧是指投标报价中具体采用的对策和方法,常用的报价技巧有不平衡报价法、多方案报价法、无利润报价法、突然降价法和其他报价技巧等。此外,对于计日工、暂定金额、可供选择的项目等也有相应的报价技巧。

1.不平衡报价法

不平衡报价法是指在不影响工程总报价的前提下,通过调整内部各个项目的报价,以达到既不提高总报价、不影响中标,又能在结算时得到更理想的经济效益的报价方法。不平衡报价法适用于以下几种情况。

第一,能够早日结算的项目(如前期措施、基础工程、土石方工程等)可以适当提高报价,以利于资金周转,提高资金时间价值。后期工程项目(如设备安装、装饰工程等)的报价可适当降低。

第二,经过工程量核算,预计今后工程量会增加的项目,适当提高单价,这样在最终结算时可多盈利;而对于将来工程量有可能减少的项目,适当降低单价,这样在工程结算时不会有太大损失。

第三,设计图不明确、估计修改后工程量要增加的,可以提高单价;而工程内容说明不清楚的,则单价可降低一些,在工程实施阶段通过索赔再寻求提高单价的机会。

第四,对暂定项目要做具体分析。因这一类项目要在开工后由建设单位研究决定是否实施,以及由哪一家承包单位实施。如果工程不分标,不会另由一家承包单位施工,则其中肯定要施工的单位可报价高些,不一定要施工的则应报价低些。如果工程分标,该暂定项目也可能由其他承包单位施工时,则不宜报高价,以免抬高总报价。

第五,单价与包干混合制合同中,招标人要求有些项目采用包干报价时,宜报高价。一则这类项目多半有风险,二则这类项目在完成后可全部按报价结算。对于其余单价项目,则可适当降低报价。

第六,有时招标文件要求投标人对工程量大的项目报综合单价分析表,投标时可将单价分析表中的人工费及机械设备费报得高一些,而材料费报得低一些。这主要是为了在今后补充项目报价时,可以参考选用综合单价分析表中较高的人工费和机械费,而材料则往往采用市场价,因而可获得较高的收益。

2. 多方案报价法

多方案报价法是指在投标文件中报两个价:一个是按招标文件的条件报价。另一个是加注解的报价,即如果某条款做某些改动,报价可降低多少。这样,可降低总报价,吸引招标人。

多方案报价法适用于招标文件中的工程范围不很明确,条款不很清楚,或技术规范要求过于苛刻的工程。采用多方案报价法,可降低投标风险,但投标工作量较大。

3. 无利润报价法

对于缺乏竞争优势的承包单位,在不得已时可采用根本不考虑利润的报价方法,以获得中标机会。无利润报价法通常在下列情形时采用。

第一,有可能在中标后,将大部分工程分包给索价较低的分包商。

第二,对于分期建设的工程项目,先以低价获得首期工程,而后赢得机会创造第二期工程中的竞争优势,并在以后的工程实施中获得盈利。

第三,较长时期内,投标单位没有在建工程项目,如果再不中标,就难以维持生存。因此,虽然本工程无利可图,但只要能有一定的管理费维持公司的日常运转,就可设法渡过暂时困难,以图将来东山再起。

4. 突然降价法

突然降价法是指先按一般情况报价或表现出对该工程兴趣不大的态度,

等快到投标截止时间时,再突然降价的报价策略。采用突然降价法,可以迷惑对手,提高中标概率。但对投标单位的分析判断和决策能力的要求很高,要求投标单位能全面掌握和分析信息,作出正确判断。

5.其他报价技巧

(1)计日工单价的报价

如果是单纯报计日工单价,且不计入总报价中,则报价可高些,以便在建设单位额外用工或使用施工机械时多盈利。但如果计日工单价要计入总报价,则需具体分析是否报高价,以免抬高总报价。总之,要分析建设单位在开工后可能使用的计日工数量,再来确定报价策略。

(2)暂定金额的报价

暂定金额的报价有以下三种情形。

第一,招标单位规定了暂定金额的分项内容和暂定总价款,并规定所有投标单位都必须在总报价中加入这笔固定金额,但由于分项工程量不很准确,允许将来按投标单位所报单价和实际完成的工程量付款。在这种情况下,由于暂定总价款是固定的,对各投标单位的总报价水平竞争力没有任何影响,因此投标时应适当提高暂定金额的单价。

第二,招标单位列出了暂定金额的项目和数量,但并没有限制这些工程量的估算总价,要求投标单位既列出单价,又按暂定项目的数量计算总价,当将来结算付款时可按实际完成的工程量和所报单价支付。这种情况下,投标单位必须慎重考虑。如果单价定得高,与其他工程量计价一样,将会增大总报价,影响投标报价的竞争力;如果单价定得低,将来这类工程量增大,会影响收益。一般来说,这类工程量可以采用正常价格。如果投标单位估计今后实际工程量肯定会增大,则可适当提高单价,以便在将来增加额外收益。

第三,只有暂定金额的一笔固定总金额,将来这笔金额做什么用,由招标单位确定。这种情况对投标竞争没有实际意义,按招标文件要求将规定的暂定金额列入总报价即可。

(3)可供选择项目的报价

有些工程项目的分项工程,招标单位可能要求按某一个方案报价,而后再提供几种可供选择方案的比较报价。投标时,应对不同规格下的价格进行调查,对于将来有可能被选择使用的规格应适当提高其报价,对于技术难度大或其他原因导致的难以实现的规格,可将价格有意抬高一些,以阻挠招标单位选用。但是,所谓"可供选择项目",是由招标单位进行选择,并非由投标单位任意选择。因此,适当提高可供选择项目的报价并不意味着肯定可以取得较好的利润,只是提供了一种可能性。只有招标单位今后选用,投标单位才能得到额外利益。

(4)增加建议方案

招标文件中有时规定,可提出一个建议方案,即可以修改原设计方案,提出投标单位的方案。这时,投标单位应抓住机会,组织一批有经验的设计和施工工程师,仔细研究招标文件中的设计和施工方案,提出更合理的方案以吸引建设单位,促成自己的方案中标。这种新建议方案可以降低总造价或缩短工期,或使工程实施方案更为合理。但要注意,对原招标方案一定也要报价。建议方案不要写得太具体,要保留方案的技术关键,防止招标单位将此方案交给其他投标单位。同时要强调的是,建议方案一定要比较成熟,具有较强的可操作性。

(5)采用分包商的报价

总承包商通常应在投标前先取得分包商的报价,并增加总承包商分摊的管理费,将其作为自己投标总价的组成部分一并列入报价单中。应当注意,分包商在投标前可能同意接受总承包商压低其报价的要求,但在总承包商中标后,他们常以种种理由要求提高分包价格,这将使总承包商处于被动的地位。为此,总承包商应在投标前找几家分包商分别报价,然后选择其中一家信誉较好、实力较强和报价合理的分包商签订协议,同意该分包商作为分包工程的唯一合作者,并将分包商的名称列到投标文件中,但要求该分包商相应地提交投标保函。如果该分包商认为总承包商确实有可能中标,也许愿意接受这一条件。这种将分包商的利益与投标单位捆在一起的做法,不但可以防止分包商事后反悔和涨价,还可迫使分包商报出较合理的价格,以便共同争取中标。

(6)许诺优惠条件

投标报价中附带优惠条件是一种行之有效的手段。招标单位在评标时,除了主要考虑报价和技术方案外,还要分析其他条件,如工期、支付条件等。因此,在投标时主动提出提前竣工、低息贷款、赠予施工设备、免费转让新技术或某种技术专利、免费技术协作、代为培训人员等,均是吸引招标单位,利于中标的辅助手段。

第三节　建设项目施工的开标、评标和定标

一、建设项目开标

开标的时间和地点:《中华人民共和国招标投标法》规定,开标应当在招标文件确定的提交投标文件截止时间的同一时间公开进行。

出席开标会议的规定:开标由招标人或者招标代理人主持,邀请所有投标人参加。投标单位法定代表人或授权代表未参加开标会议的视为自动弃权。

开标程序和唱标的内容:开标会议宣布开始后,应首先请各投标单位代表确认其投标文件的密封完整性,并签字予以确认。当众宣读评标原则、评标办法。由招标单位依据招标文件的要求,核查投标单位提交的证件和资料,并审查投标文件的完整性、文件的签署、投标担保等事项,但提交合格撤回通知和逾期送达的投标文件不予启封。唱标顺序应按各投标单位报送投标文件时间先后的顺序进行。开标过程应当记录,并存档备查。

在开标时,投标文件出现下列情形之一的,应当作为无效投标文件,不得进入评标:①投标文件未按照招标文件的要求予以密封的。②投标文件中的投标函未加盖投标人的企业及企业法定代表人印章的,或者企业法定代表人委托代理人没有合法、有效的委托书(原件)及委托代理人印章的。③投标文件的关键内容字迹模糊、无法辨认的。④投标人未按照招标文件的要求提供投标保函或者投标保证金的。⑤组成联合体投标,投标文件未附联合体各方共同投标协议的。

二、建设项目评标

(一)评标的原则以及保密性和独立性

评标是招投标过程中的核心环节。评标活动应遵循公平、公正、科学、择优的原则,保证评标在严格保密的情况下进行,并确保评标委员会在评标过程中的独立性。

(二)评标委员会的组建

评标委员会由招标人或其委托的招标代理机构中熟悉相关业务的代表以

及有关技术、经济等方面的专家组成,成员人数为5人以上的单数,其中技术、经济等方面的专家不得少于成员总数的2/3。评标委员会的专家成员应当从省级以上人民政府有关部门提供的专家名册或者招标代理机构专家库内的相关专家名单中确定。评标委员会成员名单一般应于开标前确定,而且该名单在中标结果确定前应当保密,任何单位和个人都不得非法干预、影响评标过程和结果。评标委员会由招标人负责组建,评标委员会负责评标活动,向招标人推荐中标候选人或者根据招标人的授权直接确定中标人。

(三)评标的程序

评标可以按"两段三审"进行,"两段"是指初审和详细评审,"三审"是指符合性评审、技术性评审和商务性评审。

投标文件的符合性评审包括商务符合性鉴定和技术符合性鉴定。投标文件应实质上响应招标文件的所有条款、条件,无显著的差异或保留。

投标文件的技术性评审包括方案可行性评估和关键工序评估;劳务、材料、机械设备、质量控制措施评估以及对施工现场周围环境的保护措施评估。

投标文件的商务性评审包括投标报价校核,审查全部报价数据计算的正确性,分析报价构成的合理性,并与标底价格进行对比分析。

(四)评标的方法

1.经评审的最低投标价法

经评审的最低投标价法的含义。根据经评审的最低投标价法,能够满足招标文件的实质性要求,并且经评审的最低投标价的投标人,应当推荐为中标候选人。这种评标方法按照评审程序,经初审后,以合理低标价作为中标的主要条件。

最低投标价法的适用范围:一般适用于具有通用技术、性能标准或者招标人对其技术、性能没有特殊要求的招标项目。

最低投标价法的评标要求:采用经评审的最低投标价法的,评标委员会当根据招标文件中规定的评标价格调方法,对所有投标人的投标报价以及投标文件的商务部分做必要的价格调整。

2.综合评估法

不宜采用经评审的最低投标价法的招标项目,一般应当采取综合评估法进行评审。

根据综合评估法,最大限度地满足招标文件中规定的各项综合评价标准的投标人,应当推荐为中标候选人。衡量投标文件是否最大限度地满足招标文件中规定的各项评价标准,可以采取折算为货币的方法、打分的方法或者其他方法。需量化的因素及其权重应当在招标文件中明确规定。

在综合评估法中,最常用的方法是打分法中的百分法。

综合评估法的评标要求:评标委员会对各个评审因素进行量化时,应当将量化指标建立在同一基础或者同一标准上,使各投标文件具有可比性。

对技术部分和商务部分进行量化后,评标委员会应当对这两部分的量化结果进行加权,计算出每一个投标方案的综合评估价或者综合评估分。

3.其他评标方法

在法律、行政法规允许的范围内,招标人也可以采用其他评标方法,如评议法。评议法是一种比较特殊的评标方法,只有在特殊情况下方可采用。

三、定标

(一)中标候选人的确定

经过评标后,就可以确定出中标候选人(或中标单位)。评标委员会推荐的中标候选人的人数应当限定在1~3人,并标明排列顺序。招标人可以授权评标委员会直接确定中标人。

招标人应当在投标有效期截止时限30日内确定中标人。依法必须进行施工招标的工程,招标人应当自确定中标人之日起15日内,向工程所在地的县级以上地方人民政府建设行政主管部门提交施工招标投标情况的书面报告。建设行政主管部门自收到书面报告之日起5日内未通知招标人在招标投标活动中有违法行为的,招标人可以向中标人发出中标通知书,并将中标结果通知所有未中标的投标人。

(二)发出中标通知书并订立书面合同

中标人确定后,招标人应当向中标人发出中标通知书,并同时将中标结果通知所有未中标的投标人。

招标人和中标人应当自中标通知书发出之日起30日内,按照招标文件和中标人的投标文件订立书面合同。订立书面合同后7日内,中标人应当将合同送至县级以上工程所在地的建设行政主管部门备案。

招标人与中标人签订合同后5个工作日内,应当向中标人和未中标的投标人退还投标保证金。

中标人应当按照合同约定履行义务,完成中标项目。

第四节　案例分析

一、案例

某项目二期工程,由市财政局和市环境建设公司共同出资建设,出资比例各为50%,由市环境建设公司主持项目建设。市环境建设公司虽然没有专门的招标机构,但是有两名专业招标人员,所以决定采用公开招标方式自行组织招标采购,于2013年3月2日在各新闻媒体上发布了招标公告,招标公告载明招标人的名称、招标项目的性质、资金来源、资格条件等事项。资格预审文件发售时间从2013年2月26日(星期二)8:00开始,至3月1日18:00为止,共计4个工作日,并强调按购买资格预审文件时间的先后顺序,确定前10个单位作为投标人,允许其购买招标文件和设计文件。提交投标文件的截止时间是2013年3月20日9:00。3月19日组成由公司董事长、总经理、主管基本建设的副总经理、总工程师、总经济师、总会计师、技术处长和市建委主任、发改委副主任等9人组成的评标委员会。

2013年3月20日8:30评标委员会工作人员接到市环境建设公司下属的环发公司投标人员电话,称因发生交通事故,道路拥堵严重,投标文件不能按时送达,要求推迟开标时间,经请示,董事长认为,这是不可抗力,同意推迟至11:00开标,经评标,环发公司因其报价与标底最接近、得分最高而中标。中标结果公布后,其他投标人不服,认为招标不公平,并向行政监督部门投诉,要求宣布此次招标无效。

二、问题

问题1:招标人自行组织招标需具备什么条件?

问题2:请指出该项目二期工程招标过程中的不妥之处,并说明理由。

三、分析

本案例考核招标投标程序,根据《中华人民共和国招标投标法》和《工程建设项目施工招标投标办法》的相关规定,正确辨识案例中的不妥之处。

四、答案

问题1:

自行招标是指招标人依靠自己的能力,依法办理和完成招标项目的招标任务。《中华人民共和国招标投标法》第12条规定,招标人具有编制招标文件和组织评标能力的,可以自行办理招标事宜。《招标投标法实施条例》第10条明确了招标人具有编制招标文件和组织评标能力,《工程建设项目自行招标试行办法》第4条对招标人自行招标的能力进一步作出了具体规定。

(1)具有项目法人资格(或者法人资格)。

(2)具有与招标项目规模和复杂程序相适应的工程技术、概预算、财务和工程管理等方面专业技术力量。

(3)有从事同类工程建设项目招标的经验。

(4)设有专门的招标机构或者拥有3名以上专职招标业务人员。

(5)熟悉和掌握招标投标法及有关法规规章。

问题2:

该项目二期工程招标过程中不妥之处如下。

(1)在只有两名专业招标业务人员的情况下,决定采用公开招标方式自行组织招标采购。

(2)在各新闻媒体上发布招标公告。

理由:《中华人民共和国招标投标法》和《中华人民共和国招标投标法实施条例》规定,依法必须招标项目的招标公告应当在国务院发展改革部门依法指定的媒介发布。按照《招标公告发布暂行办法》规定,国家发展和改革委员会经国务院授权,指定《中国日报》《中国经济导报》《中国建设报》"中国采购与招标网"为依法必须招标项目的招标公告的发布媒介。

(3)资格预审文件发售时间从2013年2月26日(星期二)8:00开始,至3月1日18:00为止,共计4日。

理由:《中华人民共和国招标投标法实施条例》第16条规定,招标人应当按照资格预审公告、招标公告或者投标邀请书规定的时间、地点发售资格预审文件或者招标文件。资格预审文件或者招标文件的发售期不得少于5日。

(4)按购买资格预审文件时间的先后顺序,确定前10个单位作为投标人,允许其购买招标文件和投标文件。

理由:《中华人民共和国招标投标法实施条例》第32条规定,招标人编制招标文件,不得以不合理条件限制、排斥潜在投标人。本条例不能采用按购买资格预审文件时间的先后顺序确定前10个单位作为投标人。

(5)评标委员会由公司董事长、总经理、主管基本建设的副总经理、总工程师、总经济师、总会计师、技术处长和市建委主任、发改委副主任等9人组成。

理由:《中华人民共和国招标投标法》第37条规定,依法必须进行招标的项目,其评标委员会由招标人的代表和有关技术、经济等方面的专家组成,成员人数为5人以上单数,其中技术、经济等方面的专家不得少于成员总数的2/3。本条例中,评标委员会的成员组成不合法。

(6)允许市环境建设公司下属的环发公司投标。

理由:《中华人民共和国招标投标法实施条例》第34条规定,与招标人存在利害关系可能影响招标公正性的法人、其他组织或者个人,不得参加投标。单位负责人为同一人或者存在控股、管理关系的不同单位,不得参加同一标段投标或者未划分标段的同一招标项目投标。市环境建设公司(招标人)下属的环发公司不能参加投标。

(7)因道路拥堵,延迟开标。

理由:《中华人民共和国招标投标法》第28条规定,投标人应当在招标文件要求提交投标文件的截止时间前,将投标文件送达投标地点。招标人收到投标文件后,应当签收保存,不得开启。投标人少于3个的,招标人应当依照本法重新招标。在招标文件要求提交投标文件的截止时间后送达的投标文件,招标人应当拒收。

(8)环发公司的报价与标底最接近、得分最高,有泄露标底之嫌。

理由:《中华人民共和国招标投标法》第22条规定,招标人不得向他人透露已获取招标文件的潜在投标人的名称、数量以及可能影响公平竞争的有关招标投标的其他情况。招标人设有标底的,标底必须保密。作为招标人的环境建设公司,其下属的环发公司报价与标底接近,有泄露标底之嫌。

第五章 建设项目施工阶段造价及案例分析

第一节　施工组织设计的编制优化

一、施工组织设计编制的内容

(一)施工组织设计的概念

施工组织设计是由施工单位编制的用以进行施工准备和组织施工的技术经济文件,是施工企业管理现场施工的内部规划。其任务是根据工程客观条件、施工特点、合同约定的工期质量等级要求等,结合施工企业的技术力量、装备与管理水平,对人力、资金、材料、机械和施工方法等基本要素进行统筹规划、合理安排、全面组织;充分利用有限的空间和时间,采用先进的施工技术,选择经济合理的施工方案;建立正常的生产秩序和有效的管理方法,力求实现安全、高质量、低成本、短工期、好效益的建设效果。

(二)施工组织设计的内容

施工组织设计分为施工组织总设计、单位工程施工组织设计和分部工程施工组织设计三类。

施工组织设计的内容:施工现场平面布置图,施工方案(即施工方法及相应技术组织措施),施工进度计划,安全和质量技术措施,文明施工和环境保护,有关人力、施工机具、生产设备、建筑材料和施工用水、电、动力、运输等资源的需求及其供应方法。

施工组织设计的重点:应突出施工平面布置、施工进度计划、施工方案设计三大重点。

施工组织设计的关键:关键在于"组织",即对施工人力、物力、资金、时间和空间、需要与可能、局部与整体、阶段与过程、场内与场外等给予周密的安排。

施工组织设计的目的:使整个工程项目施工过程达到质量好、造价低、工期短、效益高的效果。

二、施工组织设计的优化要点

施工组织设计的优化实际上是一个决策的过程,一方面,施工单位要在充分研究工程项目客观情况和施工特点的基础上,对可能要采取的多个施工和管理方案进行技术经济分析和比较,选择投入资源少、质量高、成本低、工期短、效益好的最佳方案;另一方面,造价工程师应根据所建工程项目的实际情况及其所处的地质和气候条件、经济环境和施工单位的能力深入分析施工单位提交的施工组织设计,进一步寻求多个改进方案,选择其中的最优方案,并力促施工单位能够接受最优方案,使工程项目造价控制在确定的范围之内。施工组织设计的优化应充分考虑全局,抓住主要矛盾,预见薄弱环节,实事求是地做好施工全过程的合理安排。

(一)充分做好施工准备工作

施工组织设计分为标前设计(投标阶段编制)和标后设计(中标后开工前编制),都要做好充分的准备工作。

在编制投标文件的过程中,要充分熟悉设计图、招标文件,要重视现场踏勘,编制出一份科学合理的施工组织设计文件。为了响应招标要求,要对施工组织设计进行优化,确保工程中标,并有一个合理的预期利润水平。

工程中标后,承包人要着手编制详尽的施工组织设计。在选择施工方案、确定进度计划和技术组织措施之前,必须熟悉:①设计文件;②工程性质、规模和施工现场情况;③工期、质量和造价要求;④水文、地质和气候条件;⑤物资运输条件;⑥人工、材料、机械设备的需用量及本地材料市场价格等具体的技术经济条件,为优化施工组织设计提供科学、合理的依据。

(二)合理安排施工进度

根据应完成的工程量、能够安排的劳动力及产量定额,合理确定工作时间,并考虑工作间的合理搭接及分段组织流水,合理确定工期及施工进度计划。在工程施工中,根据施工进度计算出人工、材料、机械设备的使用计划,避免人工、材料、机械设备的大进大出,造成资源浪费。

(三)组建精干的项目管理机构,组织专业队伍流水作业

施工现场项目管理机构和施工队伍要精干,减少计划外用工,降低计划外人工费用支出,充分调动职工的积极性和创造性,提高工作效率。施工技术与管理人员要掌握施工进度计划和施工方案,能够在施工中组织专业队伍连续交叉作业,尽可能组织流水施工,使工序衔接合理紧密,避免窝工。这样,既能提高工程质量、保证施工安全,又可以降低工程成本。

(四)提高机械的利用率,降低机械使用费用

机械设备在选型和搭配上要合理,充分考虑施工作业面、施工强度和施工工序。在不影响总进度的前提下,对局部进度计划做适当的调整,做到一机多用,充分发挥机械的作用,提高机械的利用率,降低机械使用费,从而达到降低工程成本的目的。

(五)以提高经济效益为主导,选用施工技术和施工方案

在满足合同质量要求的前提下,采用新材料、新工艺、新技术,减少主要材料的浪费,尽量避免返工、返修,合理降低工程造价。对新材料、新工艺、新技术的采用要进行技术经济分析比较,要经过充分的市场调查和询价,选用优质价廉的材料;在保证机械完好率的条件下,用最小的机械消耗和人工消耗,最大限度地发挥机械的利用率,尽量减少人工作业,以达到缩短工序作业时间的目的,因此优选成本低的施工方案和施工工艺对提高经济效益具有重要意义。

(六)确保施工质量,降低工程质量成本

1.工程质量成本

工程质量成本,又称为工程质量造价,是指为使竣工工程达到合同约定的质量目标所发生的一切费用,包括以下两部分内容。

(1)质量保障和检验成本

质量保障和检验成本是指保证工程达到合同质量目标要求所支付的费用,包括工程质量检测与鉴定成本和工程质量预防成本。

工程质量检测与鉴定成本是工程施工中正常检测、试验和验收所需的费用和用以证实产品质量的仪器费用的总和,主要包括:①材料抽样委外检测费;②常规检测、试验费;③仪器的购买和使用费;④仪器本身的检测费;⑤质量报表费用等。

工程质量预防成本是施工中为预防工程所购材料不合格所需要的费用总

和,主要包括:①质量管理体系的建立费用;②质量管理培训费用(质量管理人员业务培训);③质量管理办公费;④收集和分析质量数据费用;⑤改进质量控制费用;⑥新材料、新工艺、新技术的评审费用;⑦施工规范、试验规程、质量评定标准等技术文件的购买费用;⑧工程技术咨询费用等。

(2)质量失败补救成本

质量失败补救成本是指完工工程未达到合同的质量标准要求所造成的损失(返工和返修等)及处置工程质量缺陷所发生的费用,主要包括工程质量问题成本和工程质量缺陷成本。

工程质量问题成本是在工程施工中由于工程本身不合格而进行处置的费用总和,主要包括:①返工费用;②返修费用;③重新检验费用;④质量检测与鉴定费用;⑤停工费;⑥成本损失费用等。

工程质量缺陷成本是工程交工后在保修期(缺陷通知期)内,因施工质量原因,造成的工程不合格而进行处置的费用总和,主要包括:①质量检测与鉴定费用;②返修费用;③返工费用;④设备更换费用;⑤损失赔偿费等。

2.工程质量成本控制

控制好工程质量成本,必须消灭工程质量问题成本和缺陷成本,同时要提高质量检测的工作效率,减少预防成本支出。为此,要把握好材料进场质量关,控制好施工过程的质量,改进质量控制方法。这样就可消灭工程质量问题成本和缺陷成本,从而降低部分工程质量预防成本,使工程质量成本降到最低水平,即只发生工程质量鉴定成本和部分工程质量预防成本。因此,工程质量是完全可以控制的。

综上所述,通过对施工组织设计的优化,能使其在工程施工过程中真正发挥技术经济文件的作用,不仅能满足合同工期和工程质量要求,而且能大大降低工程成本和造价,提高综合效益。

三、施工方案优化的方法

施工方案的优化,就是通过科学的方法,对多方案的施工组织设计进行技术经济的分析、比较,从中确定最佳方案。优化施工组织设计的方法有定性分析法、多指标定量分析法、价值法和价值工程分析法。

定性分析法:所谓定性分析法,就是根据过去积累的经验对施工方案、施工进度计划和施工平面布置的优劣进行分析。一般可按经验数据和工期定额进行分析。定性分析法较为简便,但不精确,要求施工组织设计编制者或造价工程师必须具有丰富的施工经验和管理水平。

多指标定量分析法:多指标定量分析法是目前经常采用的优化施工组织设计的方法。它通过对一系列技术经济指标进行计算、对比、分析,然后根据指标的高低分析判断优劣。主要的技术经济指标有施工进度计划指标、工程成本指标、工程质量指标、施工机械化程度指标、施工安全指标。

价值法(价值定量分析法):所谓价值法,就是对各方案都计算出最终价值,用价值量的大小评定方案优劣的办法。从使用者需要的角度论证会计理论,再用这套理论为特定的决策模型提供最适宜的信息,价值量越小,方案越优。

价值工程分析法:价值工程是指着重于功能分析,力求用最低的寿命周期成本,得到在功能上能充分满足客户要求的产品、服务或工程项目,从而获得最大经济效益的有组织的活动。价值工程分析法主要应用在项目评价或工程设计方案比较中。它是评价某一工程项目的功能与实现这一功能所消耗费用之比合理程度的尺度。它以提高价值为目的,要求以最低的寿命周期成本实现产品的必要功能,以功能分析为核心,以有组织、有领导的活动为基础,以科学的技术方法为工具。价值工程在工程项目评价或设计方案比选中的应用,并不是对所有内容都进行价值分析,而是有选择地选择分析对象。

第二节　工程变更

一、工程变更定义和范围

工程项目的复杂性决定发包人在招投标阶段所确定的方案往往存在某些方面的不足。随着工程进展和对工程本身认识的加深,以及其他外部因素的影响,常常在工程施工过程中需要对工程的范围、技术要求等进行修改,形成工程变更。工程变更是指在合同实施过程中,当合同状态改变时,为保证工程顺利实施所采取的对原合同文件的修改与补充的一种措施。

工程变更的范围有:①更改有关部分的标高、基线、位置和尺寸。②增减合同中约定的工程量。③改变有关工程的施工时间和顺序。④其他有关工程变更需要的附加工作。⑤合同履行中发包人要求变更工程质量标准及发生其他实质性变更等。

施工中承包人不得擅自对原工程设计进行变更。因承包人擅自变更设计发生的费用和由此导致发包人的直接损失,由承包人承担,延误的工期不予顺延。

二、工程变更的处理程序

(一)工程设计变更的程序

发包人对原设计进行变更:施工中发包人如果需要对原工程设计进行变更,应提前14天以书面形式向承包人发出变更通知。承包人对于发包人的变更通知不得拒绝,这是合同赋予发包人的一项权利。因为发包人是工程的出资人、所有人和管理者,对将来工程的运行承担主要的责任,只有赋予发包人这样的权利才能避免造成更大的损失。但是,变更超过原设计标准或批准的建设规模时,发包人应报规划管理部门和其他有关部门重新审查批准,并由原设计单位提供变更的相应图纸和说明。承包人按照工程师发出的变更通知及有关要求变更。

因承包人原因对原设计进行变更:施工中承包人不得为了施工方便而要求对原工程设计进行变更,承包人应当严格按照图纸施工,不得随意变更设计。施工中承包人提出的合理化建议涉及对设计图纸或者施工组织设计的更改及对原材料、设备的更换,需经工程师同意。工程师同意变更后,也需经原规划管理部门和其他有关部门审查批准,并由原设计单位提供变更的相应图纸和说明。

未经工程师同意,承包人擅自更改或换用原工程设计,承包人应承担由此发生的费用,并赔偿发包人的有关损失,延误的工期不予顺延。工程师同意采用承包人的合理化建议,所发生费用和获得收益的分担或分享,由发包人和承包人另行约定。

(二)其他变更的程序

从合同角度看,除设计变更外,其他能够导致合同内容变更的都属于其他变更。如双方对工程质量要求的变化(如涉及强制性标准的变化)、双方对工期要求的变化、施工条件和环境的变化导致施工机械和材料的变化等。这些变更的程序,首先应当由一方提出,与对方协商一致后,方可进行变更。

三、工程变更价款的确定

《建设工程工程量清单计价规范》(GB 50500—2013)规定,工程变更引起已标价工程量清单项目或其工程数量发生变化,应按照下列规定调整。

已标价工程量清单中有适用于变更工程项目的,采用该项目的单价;但当工程变更导致该清单项目的工程数量发生变化,且工程量偏差超过15%,调整的原则为:当工程量增加15%以上时,其增加部分的工程量的综合单价应予调低;当工程量减少15%以上时,减少后剩余部分的工程量的综合单价应予调高。此时,按下列公式调整结算分部分项工程费。

当 $Q_1 > 1.15Q_0$ 时:

$$S=1.15Q_0 \times P_0 + (Q_1-1.15Q_0) \times P_1$$

当 $Q_1 < 0.85Q_0$ 时:

$$S=Q_1 \times P_1$$

式中:

S——调整后的某分部分项工程费结算价;

Q_1——最终完成的工程量;

Q_0——招标工程量清单中列出的工程量;

P_1——按照最终完成工程量重新调整后的综合单价;

P_0——承包人在工程量清单中填报的综合单价。

已标价工程量清单中没有适用,但有类似于变更工程项目的,可在合理范围内参照类似项目的单价。

已标价工程量清单中没有适用,也没有类似于变更工程项目的,由承包人根据变更工程资料、计量规则和计价办法、工程造价管理机构发布的信息价格和承包人报价浮动率提出变更工程项目的单价,报发包人确认后调整。承包人报价浮动率可按下列公式计算。

招标工程:承包人报价浮动率 L = (1−中标价/招标控制价)×100%

非招标工程:承包人报价浮动率 L = (1−报价值/施工图预算)×100%

已标价工程量清单中没有适用,也没有类似于变更工程项目,且工程造价管理机构发布的信息价格缺价的,由承包人根据变更工程资料、计量规则、计价办法和通过市场调查等取得有合法依据的市场价格提出变更工程项目的单价,报发包人确认后调整。

工程变更引起施工方案改变,并使措施项目发生变化的,承包人提出调整措施项目费的,应事先将拟实施的方案提交发包人确认,并详细说明与原方案措施项目相比的变化情况。拟实施的方案经发、承包双方确认后执行,最后按照相关规定调整措施项目费。

如果工程变更项目出现承包人在工程量清单中填报的综合单价与发包人招标控制价或施工图预算相应清单项目的综合单价偏差超过15%,则工程变更项目的综合单价可由发承包双方按照相关规定调整。

如果发包人提出的工程变更,因为非承包人原因删减了合同中的某项原定工作或工程,致使承包人发生的费用或(和)得到的收益不能被包括在其他已支付或应支付的项目中,也未被包含在任何替代的工作或工程中,则承包人有权提出并得到合理的利润补偿。

第三节　工程索赔

一、索赔的定义和分类

(一)索赔的定义

工程索赔是在工程承包合同履行中,当事人一方由于另一方未履行合同所规定的义务或者出现了应当由对方承担的风险而遭受损失时,向另一方提出赔偿要求的行为。赔偿是双向的,既包括承包人向发包人的索赔,也包括发包人向承包人的索赔。

索赔有较广泛的含义,可以概括为以下三个方面:第一,一方违约使另一方蒙受损失,受损方向对方提出赔偿损失的要求。第二,发生应由业主承担责任的特殊风险或遇到不利自然条件等情况,承包商蒙受较大损失向业主提出补偿损失要求。第三,承包商本人应当获得的正当利益,由于没能及时得到监理工程师的确认和业主应给予的支付,以正式函件向业主索赔。

由于施工现场条件、气候条件和施工进度的变化,以及合同条款、规范、标准文件和施工图纸的变更、差异、延误等因素的影响,工程承包中不可避免地会出现索赔,由此导致项目的工程造价发生变化。根据上述分析,工程索赔事件的控制和正确处理将是建设工程施工阶段工程造价控制的重要手段。

(二)工程索赔产生的原因

原因一,当事人违约。表现为当事人没有按照合同约定履行自己的义务。发包人违约表现为没有为承包人提供合同约定的施工条件,未按照合同约定的期限和数额付款等。工程师未能按照合同约定完成工作,如未能及时发出图纸、指令等也视为发包人违约。承包人违约主要是没有按照合同约定的质量、期限完成施工,或者由于不当行为给发包人造成其他损害。

原因二,不可抗力因素。其又可以分为自然事件和社会事件。自然事件主要是不利的自然条件和客观障碍,如在施工过程中遇到了经现场调查无法发现、业主提供的资料中也未提到的、无法预料的情况,如地下水、地质断层等。社会事件则包括国家政策、法律、法令的变更,战争,罢工等。

原因三,合同缺陷。表现为合同文件规定不严谨甚至矛盾,合同中存在遗漏或错误。

原因四,合同变更。表现为设计、施工方法变更,追加或者取消某些工作,合同其他规定的变更等。

原因五,工程师指令。如工程师指令承包人加速施工,进行某项工作,更换某些材料,采取某些措施等。

原因六,其他第三方原因。表现为与工程有关的第三方的问题而引起的对本工程的不利影响。

(三)索赔的分类

按索赔涉及的当事人分类:承包商和业主之间的索赔;承包商和分包商之间的索赔;承包商和供货商之间的索赔;承包商向保险公司索赔。

按发生索赔的原因分类:不利自然条件及人为障碍索赔;增加(或减少)工程量索赔;工期延长索赔;加速施工索赔;工程范围变更索赔;合同文件错误索赔;工程拖期索赔;暂停施工索赔;终止合同索赔;设计图纸拖交索赔;拖延付款索赔;物价上涨索赔;业主风险索赔;不可抗力索赔;业主违约索赔;法令变更索赔。

按索赔的合同依据分类:合同规定的索赔,索赔涉及的内容在合同中已被明确指出,如工程变更暂停施工造成的索赔;非合同规定的索赔,索赔内容和权利虽然难以在合同中直接找到,但可以根据合同的某些条款的含义推论出承包人有索赔权;道义索赔。

按索赔的目的分类:工期索赔,由非承包商责任而导致施工进度延误,要求批准顺延合同工期的索赔;费用索赔,由发包人或发包人应承担的风险而导致承包人增加开支而给予的费用补偿。

二、常见的索赔内容

(一)承包商向业主的索赔

1.不利的自然条件和人为障碍引起的索赔

不利的自然条件是指施工中遭遇到的实际自然条件比招标文件中所描述的更为困难和恶劣,是一个有经验的承包商无法预测的恶劣的自然条件与人为障碍。其中包括:地质条件变化引起的索赔;工程中人为障碍引起的索赔。

2.工程变更引起的索赔

在施工过程中,由于工地上不可预见的情况,环境的变化,或为了节约成本等,工程师认为有必要时,可以对工程或其任何部分的外形、质量或数量做出变更。任何此类变更,承包商均不应以任何方式使合同作废或无效。

增加或减少合同中所包括的任何工作的工程量。

取消某一工作项目。

更改合同中任何工作项目的性质、质量和种类。

更改工程任何部分的标高、基线、位置和尺寸。

实施工程所必要的各种附加工作。

改变工程任何部分、任何规定的施工顺序和时间安排。

3.工期延期的费用索赔

工期延期的索赔通常包括两个方面:一是承包商要求延长工期;二是承包商要求偿付由于非承包商原因导致工程延期而造成的损失。延期索赔可要求延长工期,也有可能获得损失补偿。

(1)工期索赔

承包商提出的工期索赔,通常是出于下述原因。

合同文件的内容出错或互相矛盾。

工程师在合理的时间内未曾发出承包商要求的图纸和指令。

有关放线的资料不准。

不利的自然条件。

现场发现化石、钱币、有价值的物品或文物。

额外的样本与试验。

业主和工程师命令暂停工程。

业主未能按时提供现场。

业主违约。

业主风险。

不可抗力。

以上这些原因要求延长工期,只要承包商能提出合理的证据,一般都能获得监理工程师及业主的同意。

(2)工期延期产生的费用索赔

以上提出的工期索赔事件中,凡纯属业主和工程师方面的原因造成的拖延,不仅应给承包商适当延长工期,还应给予相应的费用补偿;凡属于客观原因造成的拖期,如特殊反常的天气、工人罢工等,承包商可得到延长工期,但得不到费用补偿。

4. 加速施工费用的索赔

当工程项目的施工计划进度受到干扰,导致项目不能按时竣工,业主的经济效益受到影响时,有时业主和工程师发布加速施工指令,要求承包商投入更多资源、加班赶工来完成工程项目。出现以上情况,承包方往往会提出加速施工费用的索赔。

5. 业主不正当地终止工程而引起的索赔

由于业主不正当地终止工程,承包商有权要求补偿损失,其数额是承包商被终止工程上的人工、材料、机械设备的全部支出,以及各项管理费用、保险费、贷款利息、保函费用的支出(减去已结算的工程款),并有权要求赔偿其盈利损失。

6. 物价上涨引起的索赔

由于物价上涨的因素,可能带来人工费和材料费不断增长,引起了工程成本的上升。处理物价上涨引起的索赔,一般采取合同价调整方法。

对固定总价合同不予调整。这适用于工期短、规模小的工程。

按价差调整合同价。在工程价款结算时,对人工费和材料费的价差,即现行价格与基础价格的差值,由业主向承包商补偿。

用调价公式调整合同价。在每月结算工程进度款时,利用合同文件中的调价公式,计算人工、材料等的调整额。

7. 拖延支付工程款的索赔

业主未能按规定时间向承包商支付应付工程价款,承包商根据双方签订的合同规定,向业主追讨拖欠的工程款并索赔利息。

8. 基准日期以后法律法规、货币及汇率变化引起的索赔

基准日期是指投标截止日前的第28天。

9. 业主的风险引起的索赔

需业主承担的风险而导致承包商的费用损失增大时,承包商可据此索赔。

战争、敌对行动(不论宣战与否)、入侵、外敌行为。

工程所在国内的叛乱、恐怖主义、革命、暴动、军事政变或篡夺政权或内战。

承包商人员及承包商和分包商的其他雇员以外的人员在工程所在国内的暴乱、骚动或混乱。

工程所在国内的战争军火、爆炸物资、电离辐射或放射性引起的污染,但可能由承包商使用此类军火、炸药、辐射或放射性引起的除外。

由音速或超音速飞行的飞机或飞行装置所产生的压力波。

除合同规定以外,业主使用或占有的永久工程的任何部分。

由业主人员或业主对其负责的其他人员所做的工程任何部分的设计。

不可预见的或不能合理预期一个有经验的承包商已采取适宜预防措施的任何自然力的作用。

(二)业主向承包商的索赔

业主向承包商提出的、由于承包商的责任或违约而导致业主经济损失的补偿要求,也称为"反索赔"。具体内容包括以下方面。

1. 工期延误索赔

在工程项目施工过程中,由于承包商的原因导致工期延误,影响到业主对该工程的利用,造成经济损失时,业主可以向承包商提出索赔要求。延期损害赔偿费的计算方法,在每个合同文件中均有具体的规定。一般按每延误一天赔偿一定款额计算,累计赔偿额不超过合同总额的10%。业主在确定误期损

害赔偿费的费率时,一般要考虑以下因素。

业主盈利损失。

由于工程拖期而引起的贷款利息增加。

工程拖期带来的附加监理费。

由于工程到期不能使用,继续租用原建筑物或租用其他建筑物的租赁费用。

2.质量不满足合同要求索赔

当承包商的施工质量不符合合同规定,或在缺陷责任期未满以前未完成应负责修补的工程时,业主有权向承包商追究责任,要求补偿所受的经济损失。

3.承包商不履行的保险费用的索赔

如果承包商未能按合同条款规定的项目投保,业主可以投保并保证保险有效,业主所支付的必要的保险费可在应付给承包商的款项中扣回。

4.对超额利润的索赔

如果工程量增加很多,使承包商预期的收入增多,因工程量增加承包商并不增加任何固定成本时,合同价应由双方讨论调整,收回部分超额利润。由于法规的变化导致承包商在工程实施中降低了成本,产生了超额利润时,应重新调整合同价格,收回部分超额利润。

5.对指定分包商的付款索赔

在承包商未能提供已向指定分包商付款的合理证明时,业主可以直接按监理工程师的证明书,将承包商未付给指定分包商的所有款额付给指定分包商,并从应付给承包商的款项中扣回。

6.业主合理终止合同或承包商不正当地放弃工程的索赔

如果业主合理地终止承包商的承包,或者承包商不合理放弃工程,则业主有权从承包商手中收回由新的承包商完成工程所需的工程款与原合同未付部分的差额。

三、索赔费用的计算

(一)索赔费用的组成

索赔费用的组成如图5-1所示。

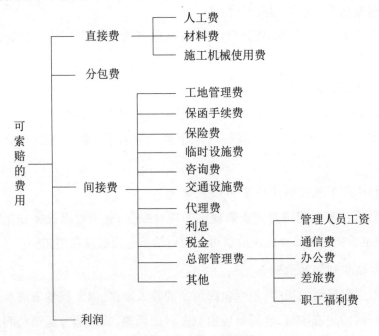

图5-1　索赔费用的组成

(二)索赔的计算方法

按照国际惯例,索赔费用包括直接费、间接费和利润。各项费用的计算方法有实际费用法、总费用法、修正的总费用法。

1.实际费用法

实际费用法是工程索赔计算时最常用的一种方法。这种方法的计算原则是:以承包商为某项索赔工作所支付的实际开支为根据,向业主要求费用补偿。

用实际费用法计算时,在直接费的额外费用部分的基础上,再加上应得的间接费和利润,即承包商应得的索赔金额。由于实际费用法依据的是实际发生的成本记录或单据,因此,在施工过程中,对第一手资料的收集整理尤为重要。

2.总费用法

总费用法是指当发生多次索赔事件以后,重新计算该工程的实际总费用,实际总费用减去投标报价时的估算总费用,即为索赔金额。

3.修正的总费用法

修正的总费用法是对总费用法的改进,即在总费用计算的原则上,去掉一些不合理的因素,使其更合理。修正的内容如下。

将计算索赔款的时段局限于受到外界影响的时间,而不是整个施工期。

只计算受影响时段内的某项工作所受影响的损失,而不是计算该时段内所有施工工作所受的损失。

与该项工作无关的费用不列入总费用中。

对投标报价重新进行核算:按照受影响时段内该项工作的实际单价进行核算,乘以实际完成的该项工作的工作量,得出调整后的报价费用。

按修正后的总费用计算索赔金额公式如下:

索赔金额=某项工作调整后的实际总费用-该项工作的报价费用

修正的总费用法准确程度度高,接近于实际费用法。

四、索赔文件的组成部分

(一)总论部分

序言。

索赔事项概述。

具体索赔要求:工期延长的天数,索赔的款额。

报告书编写及审核人员。

(二)合同引证部分

概述索赔事项的处理过程。

发出索赔通知书的时间。

引证索赔要求的合同条款。

指明所附的证据资料。

(三)索赔款额计算部分

概述索赔事项的处理过程。

列出索赔总款额汇总表。

分项论述各组成部分的计算过程。

指出证据名称和编号。

(四)工期延长论证部分

工期延长论证方法,如图5-2所示。

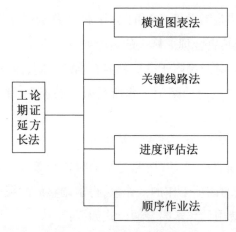

图5-2　工期延长论证方法

(五)证据部分

工程所在国政治经济资料。

施工现场记录报告。

工程项目财务报表。

五、索赔程序

承包人提出索赔申请。索赔事件发生28天内,承包人向工程师发出索赔意向通知。合同实施过程中,凡不属于承包人责任导致项目拖期和成本增加事件发生后的28天内,必须以正式函件通知工程师,声明对此事项要求索赔,同时仍须遵照工程师的指令继续施工。逾期申报时,工程师有权拒绝承包人的索赔要求。

发出索赔意向通知后28天内,向工程师提出补偿经济损失和(或)延长工期的索赔报告及有关资料。

工程师审核承包人的索赔申请。工程师在收到承包人送交的索赔报告和有关资料后,于28天内给予答复,或要求承包人进一步补充索赔理由和证据。

当该索赔事件持续进行时,承包人应当阶段性向工程师发出索赔意向,在索赔事件终了后28天内,向工程师提供索赔的有关资料和最终索赔报告。

工程师与承包人谈判。

发包人审批工程师的索赔处理证明。

承包人作出是否接受最终的索赔决定。

第四节 案例分析

一、案例

某工程的施工合同工期为16周,各工作均按匀速施工。施工单位的报价单(部分)见表5-1。

表5-1 施工单位的报价单(部分)

序号	工作名称	估算工程量	全费用综合单价/(元·m⁻³)	核价/万元
1	A	800 m³	300	24
2	B	1 200 m³	320	38.4
3	C	20次	—	—
4	D	1 600 m³	280	44.8

工程施工到第4周时进行进度检查,发生如下事件。

事件1:A工作已经完成,但由于设计图纸局部修改,实际完成的工程量为840 m³,工作持续时间未变。

事件2:B工作施工时,遇到异常恶劣的气候,造成施工单位的施工机械损坏和施工人员窝工,损失1万元,实际只完成估算工程量的25%。

事件3:C工作为检验检测配合工作,只完成估算工程量的20%,施工单位实际发生检验检测配合工作费用5 000元。

事件4:施工中发现地下文物,导致D工作尚未开始,造成施工单位自有设备闲置4个台班,台班单价为300元/台班、折旧费为100元/台班。施工单位进行文物现场保护的费用为1 200元。

二、问题

问题1:若施工单位在第4周末就B、C、D出现的进度偏差提出工程延期的要求,项目监理机构应批准工程延期多长时间?为什么?

问题2:施工单位是否可以就事件2、4提出费用索赔?为什么?若能提出费用补偿可以获得的索赔费用是多少?

问题3:事件3中C工作发生的费用如何结算?

问题4:前4周施工单位可以得到的结算款为多少元?

三、分析与解答

问题1:批准工程延期2周。

理由:施工中发现地下文物造成D工作拖延,不属于施工单位原因。

问题2:事件2不能索赔费用,因异常恶劣的气候造成施工单位机械损坏和施工人员窝工的损失不能索赔。事件4可以索赔费用,因施工中发现地下文物属非施工单位原因。

可获得的费用:4台班×100元/台班+1 200元=1 600元。

问题3:不予结算,因施工单位对C工作的费用没有报价,故认为该项费用已分摊到其他相应项目中。

问题4:施工单位可以得到的结算款如下。

A工作:840 m³×300元/m³=252 000(元)。

B工作:1 200 m³×25%×320元/m³=96 000(元)。

D工作:4台班×100元/台班+1 200元=1 600(元)。

小计:252 000元+96 000元+1 600元=349 600(元)。

第六章 建设项目竣工验收阶段工程造价及案例分析

第一节 竣工验收

按照我国建设程序的规定,竣工验收是建设项目的最后阶段,是建设项目施工阶段和保修阶段的中间过程,是全面检验建设项目是否符合设计要求和工程质量检验标准的重要环节,是审查投资使用是否合理的关键,是投资成果转入生产或使用的标志。只有经过竣工验收,建设项目才能实现由承包人管理向发包人管理的过渡,竣工验收标志着投资成果投入生产或使用,对促进建设项目及时投产或交付使用、发挥投资作用、总结建设经验有着重要的作用。

一、竣工验收的条件及范围

(一)竣工验收的条件

《建设工程质量管理条例》规定,建设工程竣工验收应当具备以下条件。

完成建设工程设计和合同约定的各项内容。

有完整的技术档案和施工管理资料。

有工程使用的主要建筑材料、建筑构配件和设备的进场试验报告。

有勘察、设计、施工、工程监理等单位分别签署的质量合格文件。

有施工单位签署的工程保修书。

(二)竣工验收的范围

国家颁布的建设法规规定,凡新建、扩建、改建的基本建设项目和技术改造项目(所有列入固定资产投资计划的建设项目或单项工程),已按国家批准的设计文件所规定的内容建成,符合验收标准,即工业投资项目经负荷试车考核,试生产期间能够正常生产出合格产品,形成生产能力的;非工业投资项目符合设计要求,能够正常使用的,不论是属于哪种建设性质,都应及时组织验收,办理固定资产移交手续。

工期较长、建设设备装置较多的一些大型工程,为了及时发挥其经济效益,对其能够独立生产的单项工程,也可以根据建成时间的先后顺序,分期分批地组织竣工验收;对能生产中间产品的一些单项工程,不能提前投料试车,可按生产要求与生产最终产品的工程同步建成竣工后,再进行全部验收。

对于以下特殊情况,工程施工虽未全部按设计要求完成,也应进行验收。第一,少数非主要设备或某些特殊材料短期内不能解决,虽然工程内容尚未全部完成,但建设项目已可以投产或使用。第二,规定要求的内容已完成,但因外部条件的制约,如流动资金不足、生产所需原材料不能满足等,建设项目的已建工程不能投入使用。第三,有些建设项目或单项工程,已形成部分生产能力,但近期内不能按原设计规模续建,应从实际情况出发,经主管部门批准后,可缩小规模,对已完成的工程和设备组织竣工验收,移交固定资产。

(三)竣工验收的内容

不同的建设项目,竣工验收的内容不完全相同,但一般均包括工程资料验收和工程内容验收两个部分。

1.工程资料验收

工程资料验收一般包括工程技术资料验收、工程综合资料验收和工程财务资料验收。

2.工程内容验收

工程内容验收包括建筑工程验收和建筑安装工程验收。

第一,建筑工程验收。建筑工程验收主要是运用有关资料进行审查验收,主要包括以下内容:建筑物的位置、标高、轴线是否符合设计要求;对基础工程中的土石方工程、垫层工程、砌筑工程等资料的审查验收;对结构工程中的砖木结构、砖混结构、内浇外砌结构、钢筋混凝土结构的审查验收;对屋面工程的屋面瓦、保温层、防水层等的审查验收;对门窗工程的审查验收;对装饰工程(抹灰、油漆等工程)的审查验收。

第二,建筑安装工程验收。建筑安装工程验收分为建筑设备安装工程验收、工艺设备安装工程验收和动力设备安装工程验收。建筑设备安装工程是指民用建筑物中的上下水管道、暖气、天然气或煤气、通风、电气照明等安装工程。建筑设备安装验收时应检查这些设备的规格、型号、数量、质量是否符合设计要求,检查安装时的材料、材质、种类,检查试压、闭水试验、照明。工艺设备安装工程包括生产、起重、传动、实验等设备的安装,以及附属管线的敷设和涂漆、保温等。工艺设备安装工程验收时应检查设备的规格、型号、数量、质量、设备安装的位置、标高、机座尺寸、质量、单机试车、无负荷联动试车、有负荷联动试车是否符合设计要求,检查管道的焊接质量、保温及各种阀门等。动力设备安装工程验收是指有自备电厂的项目的验收,或变配电室(所)、动力配电线路的验收。

二、竣工验收的依据及标准

(一)竣工验收的依据

竣工验收的依据可概括为以下几个方面。

上级主管部门对该建设项目批准的各种文件。

可行性研究报告、初步设计及批复文件。

施工图设计及设计变更洽商记录。

国家颁布的各种标准和现行的施工验收规范。

工程承包合同文件。

技术设备说明书。

建筑安装工程统一规定及主管部门关于工程竣工的规定。

另外,从国外引进新技术和成套设备的建设项目,以及中外合资建设项目,要按照签订的合同和进口国提供的设计文件等进行验收;利用世界银行等国际金融机构贷款的建设项目,应按世界银行规定,按时编制建设项目完成报告。

(二)竣工验收的标准

竣工验收的标准包括工业建设项目验收标准和民用建设项目验收标准。

1.工业建设项目验收标准

根据国家规定,工业建设项目竣工验收、交付生产使用,必须满足以下要求。

生产性建设项目和辅助性公用设施已按设计要求完成,能满足生产使用。

主要工艺设备配套经联动负荷试车合格,形成生产能力,能够生产出设计文件所规定的产品。

有必要的生活设施,并已按设计要求建成。

生产准备工作能适应投产的需要。

环境保护设施,劳动、安全、卫生设施,消防设施已按设计要求与主体工程同时建成使用。

设计和施工质量监督部门检验合格。

工程结算和竣工决算通过有关部门审查和审计。

2.民用建设项目验收标准

建设项目各单位工程和单项工程均已符合建设项目竣工验收标准。

建设项目配套工程和附属工程均已施工结束,达到设计规定的相应质量要求,并具备正常使用条件。

三、竣工验收的方式

为了保证建设项目竣工验收的顺利进行,验收必须遵循一定的程序,并按照建设项目总体计划的要求以及施工进展的实际情况分阶段进行。根据被验收的对象,建设项目竣工验收有单位工程竣工验收、单项工程竣工验收、工程整体竣工验收三种方式。

(一)单位工程竣工验收

单位工程竣工验收又称为中间验收,是承包人以单位工程或某专业工程为对象,独立签订建设工程施工合同,当达到竣工条件后,承包人可单独进行交工,或当主要的工程部位施工已完成了隐蔽前的准备工作,该工程部位将置于无法查看的状态时,发包人根据竣工验收的依据和标准,按施工合同约定的工程内容组织竣工验收。单位工程竣工验收由监理单位组织、建设单位和承包人派人参加,单位工程的竣工验收资料将作为最终竣工验收的依据。

(二)单项工程竣工验收

单项工程竣工验收又称为交工验收,是指在一个总体建设项目中,当一个单项工程已完成设计图纸规定的工程内容,能满足生产要求或具备使用条件,或是合同内约定有分部分项移交的工程已达到竣工标准,可移交给建设单位投入试运行时,承包人向监理单位提交工程竣工报告和工程竣工报验单,经鉴认后向发包人发出交付竣工验收通知书,说明工程完工情况、竣工验收准备情况、设备无负荷单机试车情况,具体约定单项工程竣工验收的有关工作。单项工程竣工验收由建设单位组织,会同施工单位、监理单位、设计单位及使用单位等共同进行。

(三)工程整体竣工验收

工程整体竣工验收又称为动用验收,是指建设项目已按设计规定全部建成、达到竣工验收条件,初验结果全部合格,且竣工验收所需资料已准备齐全,由发包人组织设计单位、施工单位、监理单位等和档案部门进行的全部工程的竣工验收。对于不同的建设项目,工程整体竣工验收由不同的部门组织。大、中型和限额以上建设项目由国家发展改革委或由其委托建设项目主管部门、地方政府部门组织验收,小型和限额以下建设项目由建设项目主管部门组织验收。建设单位、监理单位、施工单位、设计单位和使用单位参加工程整体竣工验收。

四、竣工验收的程序

通常所说的建设项目竣工验收,指的是动用验收,即建设项目全部建成,各单项工程符合设计的要求,并具备竣工图表、竣工决算、工程总结等必要的文件资料,由建设项目主管部门或发包人向负责验收的单位提出竣工验收申请报告,按程序验收。竣工验收的程序如下所示。

(一)承包人申请交工验收

承包人在完成了合同约定的工程内容或按合同约定可分步移交工程时,可申请交工验收。交工验收的对象一般为单项工程,但在某些特殊情况下也可以是单位工程的施工内容,如特殊基础处理工程、发电站单机机组完成后的移交等。

施工的工程达到竣工条件后,承包人应先进行预检验,对不符合要求的部位和项目,确定修补措施和标准,修补有缺陷的工程部位。对于建筑设备安装工程,承包人要与发包人和监理工程师共同进行无负荷的单机和联动试车。承包人在完成了上述工作和准备好竣工资料后,即可向发包人提交工程竣工报验单。

(二)监理工程师现场初步验收

监理工程师收到工程竣工报验单后,组成验收组,对竣工的建设项目的竣工资料和各专业工程的质量进行初步验收,对初步验收中发现的质量问题应及时地以书面形式通知承包人,令其修理甚至返工。建设项目经整改合格后,监理工程师签署工程竣工报验单,并向发包人提出质量评估报告,至此现场初步验收工作结束。

(三)单项工程竣工验收

单项工程竣工验收又称交工验收,单项工程竣工验收合格后发包人方可投入使用。单项工程竣工验收主要根据国家颁布的有关技术规范和施工承包合同,对以下几个方面进行检查或检验。

检查、核实竣工项目准备移交给发包人的所有技术资料的完整性、准确性。

按照设计文件和合同,检查已完工程是否有漏项。

检查工程质量、隐蔽工程验收资料、关键部位的施工记录等,考察施工质量是否达到合同要求。

检查试车记录及试车中所发现的问题是否得到改正。

在单项工程竣工验收中发现需要返工、修补的工程,明确规定完成期限。

其他涉及的有关问题。

验收合格后,发包人和承包人共同签署交工验收证书,然后由发包人将有关技术资料和试车记录、试车报告及交工验收报告一并上报主管部门,经批准后该部分工程即可投入使用。对于验收合格的单项工程,在全部工程验收时,原则上不再办理验收手续。

(四)工程整体竣工验收

工程整体竣工验收分为竣工验收准备、竣工预验收和正式竣工验收三个阶段。

1.竣工验收准备

发包人、承包人和其他有关单位均应进行竣工验收准备。竣工验收准备的主要工作内容如下。

收集、整理各类技术资料,并将其分类装订成册。

核实建筑安装工程的完成情况,列出已交工工程和未完工工程一览表,包括单位工程的名称、工程量、预算估价以及预计完成时间等内容。

提交财务决算分析。

检查工程质量,查明须返工或补修的工程并提出具体的时间安排,做好预申报工程质量等级评定和相关材料的准备工作。

整理汇总建设项目档案资料,绘制工程竣工图。

编制固定资产构成分析表。

落实生产准备各项工作,提出试车检查的情况报告,总结试车考评情况。

编写竣工结算分析报告和竣工验收报告。

2. 竣工预验收

建设项目竣工验收准备工作结束后,由发包人或上级主管部门会同监理单位、设计单位、承包人及其他有关单位和部门组成竣工预验收组进行竣工预验收。竣工预验收的主要工作内容如下。

核实竣工验收准备的工作内容,确认竣工项目所有档案资料的完整性和准确性。

检查项目建设标准、评定质量,对竣工验收准备过程中有争议的问题和隐患及遗留问题提出处理意见。

检查财务账表是否齐全并验证数据的真实性。

检查试车情况和生产准备情况。

编写竣工预验收报告和移交生产准备情况报告,在竣工预验收报告中应说明建设项目的概况,并对验收过程进行阐述,对工程质量做出总体评价。

3. 正式竣工验收

建设项目的正式竣工验收是由国家、地方政府、建设项目投资商或开发商以及有关单位领导和专家参加的最终整体验收。大、中型和限额以上的建设项目的正式竣工验收,由国家投资主管部门或其委托建设项目主管部门或地方政府组织进行,一般由竣工验收委员会(或竣工验收小组)主任(或组长)主持,具体工作可由总监理工程师组织实施。国家重点工程的大型建设项目,由国家有关部委邀请有关方面参加,组成工程竣工验收委员会进行正式竣工验收。小型和限额以下的建设项目由建设项目主管部门组织正式竣工验收。发包人、监理单位、承包人、设计单位和使用单位共同参加正式竣工验收工作。

发包人、设计单位分别汇报工程合同履约情况以及在工程建设各环节执行法律法规与工程建设强制性标准的情况。

听取承包人汇报建设项目的施工情况、自验情况和竣工情况。

听取监理单位汇报建设项目监理内容和监理情况及对建设项目竣工的意见。

组织竣工验收小组全体人员进行现场检查,了解建设项目现状、查验建设项目质量,及时发现存在和遗留的问题。

审查竣工项目移交生产使用的各种档案资料。

评审建设项目质量,对主要工程部位的施工质量进行复验、鉴定,对工程设计的先进性、合理性和经济性进行复验和鉴定,按设计要求及建筑安装工程施工的验收规范和质量标准进行质量评定验收。在确认工程符合竣工标准和合同条款规定后,签发竣工验收合格证书。

审查试车规程,检查投产试车情况,核定收尾工程项目,对遗留问题提出处理意见。

签署竣工验收鉴定书,对整个建设项目做出总的验收鉴定。竣工验收鉴定书是表示建设项目已经竣工并交付使用的重要文件,是全部固定资产交付使用和建设项目正式动用的依据。

对整个建设项目进行竣工验收后,发包人应及时办理固定资产交付使用手续。在进行竣工验收时,已验收过的单项工程可以不再办理验收手续,但应将单项工程交工验收证书作为最终验收的附件并加以说明。发包人在竣工验收过程中,如果发现工程不符合竣工条件,应责令承包人进行返修,并重新组织竣工验收,直到通过验收。

建设单位应当自建设项目竣工验收合格之日起15日内,按照国家有关规定,向项目所在地的县级以上地方人民政府建设行政主管部门备案。

第二节　竣工决算

竣工决算是以实物数量和货币指标为计量单位,综合反映竣工项目从筹建开始到项目竣工交付使用为止的全部建设费用、投资效果和财务情况的总结性文件,是竣工验收报告的重要组成部分。竣工决算是正确核定新增固定资产价值、考核分析投资效果、建立健全经济责任制的依据,是反映建设项目实际造价和投资效果的文件。竣工决算能够正确反映建设项目的实际造价和投资结果,而且通过将竣工决算与概算、预算进行对比分析,可考核投资控制工作的成效,为工程建设提供重要的技术经济方面的基础资料,提高未来工程建设的投资效益。

建设项目竣工时,应编制建设项目竣工财务决算。对于建设期长、建设内容多的建设项目,单项工程竣工具备交付使用条件的,可编制单项工程竣工财务决算。建设项目全部竣工后应编制竣工财务总决算。

一、竣工决算的内容

建设项目竣工决算应包括从筹集到竣工投产全过程的全部实际费用,即包括建筑工程费、建筑安装工程费、设备及工器具购置费、预备费等费用。根据财政部、国家发展改革委及住房和城乡建设部的有关文件规定,竣工决算由竣工财务决算说明书、竣工财务决算报表、建设项目竣工图和工程造价对比分析四个部分组成,如图6-1所示。其中竣工财务决算说明书和竣工财务决算报表两部分又称建设项目竣工财务决算,是竣工决算的核心内容。

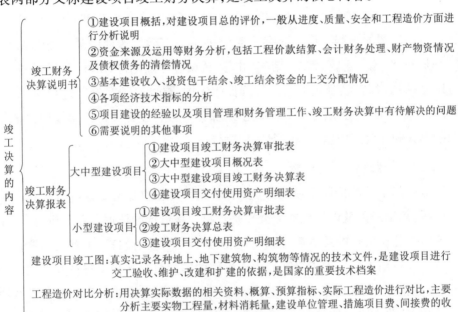

图6-1 竣工决算的内容

(一)竣工财务决算说明书

竣工财务决算说明书主要反映竣工项目的建设成果和经验,是对竣工决算报表进行分析和补充说明的文件,是全面考核分析建设项目投资与造价的书面总结,是竣工决算报告的重要组成部分。

(二)竣工财务决算报表

根据国家相关规定,大、中型建设项目和小型建设项目的基本建设竣工财务决算采用不同的审批制度。在中央级建设项目中,大、中型建设项目(投资

额在5 000万元以上的经营性建设项目、投资额在3 000万元以上的非经营性
建设项目)竣工财务决算,经主管部门审核后报财政部审批。对于属国家确定
的重点小型建设项目,其竣工财务决算经主管部门审核后报财政部审批,或由
财政部授权主管部门审批;其他小型建设项目竣工财务决算报主管部门审批。
地方级基本建设项目竣工财务决算的报批,由各省、自治区、直辖市、计划单列
市财政厅(局)确定。

(三)建设项目竣工图

建设项目竣工图是真实地记录各种地上、地下建筑物、构筑物等情况的技
术文件,是建设项目进行交工验收、维护、改建和扩建的依据,是国家的重要技
术档案。全国各建设单位、设计单位、施工单位和各主管部门都要认真做好建
设项目竣工图的绘制工作。国家规定,各项新建、扩建、改建的基本建设工程,
特别是基础、地下建筑、管线、结构、井巷、桥梁、隧道、港口、水坝以及设备安装
等隐蔽部位,都要绘制竣工图。为确保竣工图质量,必须在施工过程中(不能
在竣工后)及时做好隐蔽工程检查记录,整理好设计变更文件。建设项目竣工
图的形式和深度应根据不同情况区别对待。

(四)工程造价对比分析

对控制工程造价所采取的措施、效果及其动态的变化需要进行认真的对
比分析,总结经验教训。批准的概算是考核工程造价的依据。在分析时,可先
对比整个建设项目的总概算,然后将建筑安装工程费、设备及工器具购置费和
其他工程费用逐一与竣工决算表中所提供的实际数据和相关资料及批准的概
算、预算指标、实际的工程造价进行对比分析,以确定竣工项目总造价是节约
还是超支,并在对比的基础上,总结先进经验,找出节约和超支的内容和原因,
提出改进措施。

二、竣工决算的编制

(一)竣工决算的编制依据

经批准的可研究性报告、投资估算、初步设计或扩大初步设计、修正总概
算及其批复文件。

经批准的施工图设计和施工图预算。

设计交底或图纸会审会议纪要。

设计变更记录、施工记录或施工签证单及其他施工的费用记录。

招标控制价、承包合同、工程结算等有关资料。

历年基建计划、历年财务决算及批复文件。

设备、材料调价文件和调价记录。

有关财务核算制度、办法和其他有关资料。

(二)竣工决算的编制步骤

收集、整理和分析有关依据资料。在编制竣工决算之前,应系统地整理所有的技术资料、工程结算的经济文件、施工图纸和各种变更与签证资料,并分析其准确性。

清理各项财务、债务和结余物资。整理和分析有关资料时,要特别注意建设项目从筹建到竣工投产或使用的全部费用的各项账务、债权和债务的清理,做到建设项目完毕账目清晰,既要核对账目,又要查点库存实物的数量,做到"账与物相等,账与账相符",对结余的各种材料、工具和设备,要逐项清点核实,妥善管理,并按规定及时处理,收回资金;对各种往来款项要及时进行全面清理,为编制竣工决算提供准确的数据和结果。

核实工程变动情况。重新核实各单位工程、单项工程造价,将竣工资料与原设计图纸进行查对、核实,必要时可实地测量,确认实际变更情况;根据经审定的承包人竣工结算等原始资料,按照有关规定对原概预算进行增减调整,重新核定工程造价。

编制建设项目竣工决算说明。按照建设项目竣工决算说明的内容要求,根据编制依据中的有关材料编写文字说明。

填写竣工决算报表。按照建设项目竣工决算表中的内容,根据编制依据中的有关资料统计或计算各个项目和数量,并将其结果填到相应表的栏目内,完成所有报表的填写。

做好工程造价对比分析。

清理、装订好建设项目竣工图。

上报主管部门审查存档。

上述编写的文字说明和填写的表格经核对无误,装订成册,即为建设项目竣工决算文件。将其上报主管部门审查,并把其中财务成本部分送交开户银行签证。竣工决算在上报主管部门的同时,抄送有关设计单位。大、中型建设项目的竣工决算还应抄送财政部,中国建设银行总行,省、自治区、直辖市的财政局,以及中国建设银行分行各一份。建设项目竣工决算文件由建设单位负责组织人员编写,在竣工项目办理竣工验收后的一个月之内完成。

第三节　项目保修处理

建设项目保修是指当建设项目办理完竣工验收手续后,在规定的保修期限(按合同有关保修期的规定)内,因勘察设计、施工、材料等原因造成的质量缺陷,应由责任单位负责维修。建设项目保修是在建设项目竣工验收交付使用后,在一定期限内由施工单位对建设单位或用户进行回访,对于建设项目发生的确实是由于施工单位责任造成的建筑物使用功能不良或无法使用的问题,由施工单位负责修理,直到达到正常使用的标准。保修回访制度属于建筑项目竣工后管理范畴。

建设项目保修的具体意义在于:建设项目质量保修制度是国家所确定的重要法律制度,建设项目质量保修制度对完善建设项目保修制度、监督承包方工程质量、促进承包方加强质量管理、保护用户及消费者的合法权益起到重要的作用。

一、建设项目的保修范围和最低保修期限

在正常使用条件下,建设项目的保修范围应包括地基基础工程、主体结构工程、屋面防水工程和其他土建工程,以及电气管线、上下水管线的安装工程,供热、供冷系统工程等项目。

建设项目的保修期限是指建设项目竣工验收交付使用后,由于建筑物使用功能不良或无法使用的问题,应由相关单位负责修理的期限规定。建设项目的保修期限应当按照保证建筑物在合理寿命内正常使用,维护使用者合法权益的原则确定。

《建设工程质量管理条例》规定,在正常使用条件下,建设项目的最低保修期限如表6-1所示。

表6-1 建设项目的最低保修期限

保修范围	保修期限
基础设施工程、房屋建筑的地基基础工程和主体结构工程	设计文件规定的该工程的合理使用年限
屋面防水工程、有防水要求的卫生间、房间和外墙面的防渗漏	5年
供热与供冷系统	两个采暖期、供暖期
电气管线、给排水管道、设备安装和装修工程	两年
其他项目	由发包方与承包方按合同约定

注:建设项目保修期自建设项目竣工验收合格之日算起。

对于建设项目在保修范围和保修期限内发生的质量问题,承包人应当履行保修义务,并对造成的损失承担赔偿责任。凡是由于用户使用不当而造成的建筑功能不良或损坏,不属于保修范围;凡属于工业产品项目发生问题,也不属于保修范围。以上两种情况应当由建设单位自行组织修理。

二、建设项目的保修经济责任

根据《中华人民共和国建筑法》规定,必须根据修理项目的性质、内容以及检查修理等多种因素的实际情况,区别保修责任的承担问题,保修经济责任应当由有关责任方承担,由建设单位和施工单位共同商定经济处理办法。

施工单位未按国家有关规范、标准和设计要求施工而造成的质量缺陷,由施工单位负责返修,并承担经济责任。如果在合同规定的时间和程序内施工单位未到现场修理,则建设单位可根据具体情况另行委托其他单位修理,所产生的修理费用由原施工单位承担。

由于勘察、设计方面的原因造成的质量缺陷,由勘察、设计单位承担经济责任,可由施工单位负责修理,所产生的修理费用按有关规定通过建设单位向设计单位索赔,不足部分由建设单位负责协同有关各方解决。

因建筑材料、建筑构配件和设备质量不合格引起的质量缺陷,属于施工单位采购的或经其验收同意的,由施工单位承担经济责任,属于建设单位采购的,由建设单位承担经济责任。

由于建设单位指定的分包人原因或者不能肢解而肢解发包的工程导致施

工接口不好,造成质量问题,应由建设单位自行承担经济责任。

因使用单位使用不当造成的损坏问题,由使用单位自行负责。

因地震、洪水、台风等不可抗力原因造成的损坏问题,施工单位、设计单位不承担经济责任,由建设单位负责处理。

根据《中华人民共和国建筑法》第七十五条的规定,建筑施工企业违反建筑法规定,不履行保修义务的,责令改正,可以处以罚款;在保修期间因屋顶、墙面渗漏、开裂等质量缺陷造成的损失,建筑施工企业应当承担赔偿责任。

需要注意的是,因建设单位或者勘察设计的原因、施工的原因、监理的原因产生的建设质量问题造成他人损失的,以上单位应当承担相应的赔偿责任。受损害人可以向任何一方要求赔偿,也可以向以上各方提出共同赔偿要求。有关各方之间在赔偿后,可以在查明原因后向真正责任人追偿。

三、建设项目保修费用的处理

建设项目保修费用是指对建设项目保修期间和保修范围内所发生的维修、返工等各项费用的支出。建设项目保修费用应按合同和有关规定合理确定和控制。建设项目保修费用一般可参照建筑安装工程造价的确定程序和方法计算,也可以按照建筑安装工程造价或承包工程合同价的一定比例计算(目前取5%)。

建设项目竣工后,承包人保留工程款的5%作为保修费用,保留金的性质和目的是一种现金保证,目的是保证承包人在工程执行过程中恰当履行合同的约定。

四、建设项目保修的操作方法

(一)发送建筑安装工程保修证书

在建设项目竣工验收的同时(最迟不超过7日),由承包人向发包人送交建筑安装工程保修证书。建筑安装工程保修证书的内容主要包括以下方面:①工程简况、房屋使用管理要求。②保修范围和内容。③保修时间。④保修说明。⑤保修情况记录。⑥保修单位(即承包人)的名称、详细地址等。

(二)填写工程质量修理通知书

在保修期内,建设项目出现质量问题影响使用,使用人应填写工程质量修理通知书告知承包人,要求承包人指派人员前往检查修理。工程质量修理通知书发出日期为约定起始日期,承包人应在7日内派出人员执行保修任务。

(三)实施保修服务

承包人接到工程质量修理通知书后,必须尽快派人检查,并会同发包人共同做出鉴定,提出修理方案,明确经济责任,尽快组织人力、物力进行修理,履行工程质量保修的承诺。房屋建筑工程在保修期间出现质量缺陷,发包人或房屋建筑所有人应当向承包人发出保修通知,承包人接到保修通知后,应到现场检查情况,在约定的时间内予以保修。发生涉及结构安全或者严重影响使用功能的紧急抢修事故,承包人接到保修通知后,应当立即赶到现场抢修。发生涉及结构安全的质量缺陷,发包人或房屋建筑产权人应当立即向当地建设行政主管部门报告,采取安全防范措施,原设计单位或具有相应资质等级的设计单位提出保修方案,承包人实施保修。

(四)验收

承包人修理好后,要在保修证书的保修记录栏内做好记录,并经发包人验收签认,此时修理工作完毕。

第四节 案例分析

一、案例

某建筑工程的合同承包价为489万元,工期为8个月,工程预付款占合同承包价的20%,主要材料及预制构件价值占工程总价的65%,保留金占工程总价的5%。

该工程每月实际完成的产值及合同价调整增加额见表6-2。

表6-2 某工程实际完成产值及合同价款调整增加额

月份	1	2	3	4	5	6	7	8	合同调整增加金额
完成产值/万元	25	36	89	110	85	76	40	28	67

二、问题

(1)该工程应支付多少工程预付款?

(2)该工程预付款起扣点为多少?

（3）该工程每月应结算的工程进度款及累计拨款分别为多少？

（4）该工程应付竣工结算价款为多少？

（5）该工程保留金为多少？

（6）该工程8月份实付竣工结算价款为多少？

三、分析与解答

（1）工程预付款=489×20%=97.8（万元）。

（2）工程预付款起扣点=$(489-\dfrac{97.8}{65\%})$=338.54（万元）。

（3）每月应结算的工程进度款及累计拨款如下：

1月份应结算工程进度款25万元，累计拨款25万元。

2月份应结算工程进度款36万元，累计拨款61万元。

3月份应结算工程进度款89万元，累计拨款150万元。

4月份应结算工程进度款110万元，累计拨款260万元。

5月份应结算工程进度款85万元，累计拨款345万元。

因为5月份累计拨款已超过338.54万元的起扣点，所以，应从5月份的85万元进度款中扣除一定数额的预付款。

超过部分=345-338.54=6.46（万元）

5月份应结算工程进度款=（85-6.46）+6.46×（1-65%）=80.80（万元）

5月份累计拨款=260+80.80=340.80（万元）

6月份应结算工程进度款=76×（1-65%）=26.6（万元）

6月份累计拨款=340.80+26.6=367.40（万元）

7月份应结算工程进度款=40×（1-65%）=14（万元）

7月份累计拨款=367.40+14=381.40（万元）

8月份应结算工程进度款=28×（1-65%）=9.80（万元）

8月份累计拨款=381.40+9.80=391.2（万元），加上预付款97.8万元，共拨付工程款489万元。

（4）竣工结算价款=合同总价+合同价调整增加额=489+67=556（万元）

（5）保留金=556×5%=27.80（万元）

（6）8月份实付竣工结算价款=9.80+67-27.80=49（万元）

参考文献

[1]蔡明俐,李晋旭.工程造价管理与控制[M].武汉:华中科技大学出版社,2020.

[2]程鸿群,姬晓辉,陆菊春.工程造价管理[M].武汉:武汉大学出版社,2017.

[3]方俊.土木工程造价[M].2版.武汉:武汉大学出版社,2019.

[4]符淑谊.工程造价影响因素及其降价措施分析[J].工程技术与管理,
  2024,8(5):12-14.

[5]关永冰,谷莹莹,方业博.工程造价管理[M].2版.北京:北京理工大学出版
  社,2020.

[6]郭树荣,刘爱芳.工程造价案例分析[M].2版.北京:中国建筑工业出版社,
  2020.

[7]郝风田,张兰兰,张卫伟,等.工程造价原理[M].南京:南京大学出版社,2020.

[8]何理礼,周燕副,魏成惠,等.工程造价概论[M].北京:机械工业出版社,2021.

[9]孔德峰.建筑项目管理与工程造价[M].长春:吉林科学技术出版社,2020.

[10]李春生,胡祥建.水利工程造价编制实训[M].郑州:黄河水利出版社,2008.

[11]李建峰,赵剑锋,等.工程造价管理[M].北京:机械工业出版社,2021.

[12]李建峰,赵健,勾利娜,等.工程造价(专业)概论[M].2版.北京:机械工业出
  版社,2018.

[13]李志香.工程造价的发展历程[J].门窗,2014(10):243.

[14]刘杨,刘婷,李睿,等.建设工程造价案例分析[M].北京:机械工业出版社,
  2017.

[15]刘伊生.工程造价管理[M].北京:中国建筑工业出版社,2020.

[16]马永军.工程造价管理[M].北京:高等教育出版社,2020.

[17]全国二级造价工程师职业资格考试培训教材编委会.建设工程造价管理基
  础知识[M].南京:江苏凤凰科学技术出版社,2019.

[18]沈中友,颜成书.工程造价专业导论[M].北京:中国电力出版社,2016.

[19]苏海花,周文波,杨青.工程造价基础[M].沈阳:辽宁人民出版社,2019.

[20]汪和平,王付宇,李艳.工程造价管理[M].北京:机械工业出版社,2019.

[21]王春梅,张瑶瑶,杨晓青.工程造价案例分析[M].3版.北京:清华大学出版社,2021.

[22]王丽红,马桂茹,牛萍.工程造价控制[M].2版.北京:清华大学出版社,2020.

[23]王忠诚,齐亚丽,邹继雪,等.工程造价控制与管理[M].北京:北京理工大学出版社,2019.

[24]魏蓉.工程造价[M].北京:清华大学出版社,2019.

[25]吴佐民.工程造价概论[M].北京:中国建筑工业出版社,2019.

[26]夏立明.建设工程造价管理基础知识[M].北京:中国计划出版社,2020.

[27]许焕兴.工程造价[M].大连:东北财经大学出版社,2011.

[28]杨峥,沈钦超,陈乾.工程造价与管理[M].长春:吉林科学技术出版社,2020.

[29]姚瑶.工程造价管理改革的目标与途径研究[J].建材与装饰,2020(4):151-152.

[30]俞洪良,毛义华.工程项目管理[M].杭州:浙江大学出版社,2014.

[31]袁建新,工程造价管理[M].4版.北京:高等教育出版社,2018.

[32]袁建新,袁媛.工程造价概论[M].北京:中国建筑工业出版社,2019.

[33]袁媛,迟晓明,贺攀明,等.工程造价案例分析[M].4版.北京:机械工业出版社,2021.

[34]张建平,董自才,容绍波,等.工程造价专业概论[M].2版.成都:西南交通大学出版社,2021.

[35]张静晓,严玲,冯东梅,等.工程造价管理[M].北京:中国建筑工业出版社,2021.

[36]张仕平.工程造价管理[M].3版.北京:北京航空航天大学出版社,2021.

[37]张晓翘,刘旭东.工程造价基础[M].北京:中央广播电视大学出版社,2014.

[38]赵勤贤,蒋月定,岳廉,等.工程造价基础[M].南京:南京大学出版社,2020.

[39]中国建设工程管理协会.建设工程造价管理基础知识[M].北京:中国计划出版社,2014.

[40]左红军.建设工程造价案例分析[M].北京:机械工业出版社,2020.